高等教育艺术设计专业规划教材

Packaging Design

包装
设计

程蓉洁　尹　燕　王　巍　**编著**

总主编

肖
勇

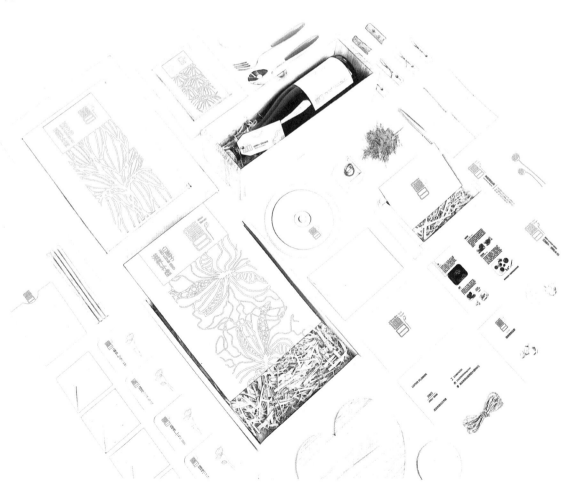

中国轻工业出版社

图书在版编目（CIP）数据

包装设计／程蓉洁，尹燕，王巍编著. —北京：中
国轻工业出版社，2024.1
全国高等教育艺术设计专业规划教材
ISBN 978-7-5184-1844-2

Ⅰ.①包… Ⅱ.①程…②尹…③王… Ⅲ.①包装设
计—高等学校—教材 Ⅳ.①TB482

中国版本图书馆CIP数据核字（2018）第021908号

责任编辑：李 红 责任终审：孟寿萱 整体设计：锋尚设计
策划编辑：王 淳 责任校对：晋 洁 责任监印：张京华

出版发行：中国轻工业出版社（北京鲁谷东街5号，邮编：100040）
印 刷：艺堂印刷（天津）有限公司
经 销：各地新华书店
版 次：2024年1月第1版第5次印刷
开 本：889×1194 1/16 印张：8
字 数：250千字
书 号：ISBN 978-7-5184-1844-2 定价：48.00元
邮购电话：010-85119873
发行电话：010-85119832 010-85119912
网 址：http://www.chlip.com.cn
Email：club@chlip.com.cn
版权所有 侵权必究
如发现图书残缺请与我社邮购联系调换
232422J1C105ZBQ

前言
PREFACE

日常生活中我们时常会看见这么一些东西，一个酒瓶子、一个易拉罐、一个饼干盒、一个塑料袋等，这些是什么？我想这个问题你可能立刻回答不上来，但是的确有个词可以准确地概括这些事物，就是包装。包装是什么？为什么称为包装？

包装，我们的第一印象也许就是包住、装起来，广义上的包装上是指那些能盛放、包裹食品或其他用品的物品。如最初的陶器、青铜器、瓷器等大部分都是用来盛放食品或其他用品，还有取自自然的苇叶、竹篮、草篓等，包装源于先民的智慧，并不是现代才有的概念。但是同时我们也能发现这和现代社会理解的包装并不一样，这时的包装侧重于容器这一概念，并不是现代商业社会所理解的包装。因为当经济并不发达时，包装最大的作用也仅限于便于携带与储存。

在我国封建社会时期，历代王朝都奉行抑制商业发展的政策，但是经济发展的客观规律是不能被改变的。从最开始的以"贝"为币，到北宋时纸币的第一次出现，从早期商标西汉铁器上的"川"字，到北宋"济南刘家功夫针铺"商标广告，商业在不断发展，商品之间也出现了竞争，同时因为印刷技术的发展和普及，包装的样式也开始不断丰富，一些高档的商品上开始出现人工印制的花纹，包装悄无声息过渡到了第二个阶段，即注重装饰、销售的阶段，这一阶段随着清朝的灭亡，开始真正快速地发展起来。

民国时期，民族企业在官僚资本主义与帝国主义的压迫下顽强发展，其商品的各种包装样式多样，诉求多样，为我国现代包装设计奠定了基础。如民国的火柴包装、点心包装、饮料酒品包装等，涉及各个行业，并且为了求得生存，与国外商品争夺市场，设计上也不断创新探索，为后来者开辟一片新天地。

新中国成立后，我国结束了多年的战乱与贫瘠的痛苦，人们的生活开始稳定，经济开始稳步恢复。改革开放后，随着经济的快速发展以及国内外经济文化的交流，我国包装设计开始迈入现代时期，开始与国外商品平等竞争，同时彼此之间不断交流学习，传统与时代，民族与世界，我国的包装设计在碰撞中不断创新，不断提高。本书基于对当今包装设计发展方向的把握，结合其历史发展历程，有针对性地对包装设计相关知识如产品定位、创意设计、工艺制作等进行详细的介绍，以帮助学生提高自己的设计制作能力。

本书的编写由肖勇教授全程指导，感谢为本书编写提供资料、图片的同事、同仁：阮伟平、冉苒、赵文、陈逢华、艾青、张弦、王宏民、李吉章、李建华、李钦、柯孛、胡爱萍、邓世超、程媛媛、陈庆伟、边塞、戈必桥、曹洪涛、柯举、牟思杭、余文晰、闻西、王月然、刘同平、李敏、刘俊骏、汤留泉、郭媛媛、许洪超、喻欣、张杨巍。

编者

目 录
CONTENTS

第一章　包装设计概述

第一节　历史与渊源......................................001
第二节　中外包装设计的发展历程与未来...013
第三节　包装设计的功能...........................015
第四节　包装设计的特征与原则...............018
第五节　产品包装分类...............................020
第六节　经典包装介绍...............................023

第二章　包装设计流程

第一节　产品定位分析与市场调研.................027
第二节　设计定位和构思...........................029
第三节　表现与形式...................................032
第四节　创作流程与设计规范...................037
第五节　包装设计课的教与学...................039

第三章　包装设计的构成元素

第一节　构图...042
第二节　色彩...046
第三节　文字...055
第四节　各国包装设计禁忌.......................059

第四章　包装设计工艺

第一节　包装设计与材料..............................063
第二节　包装与印刷..................................069
第三节　包装防伪工艺设计............................077

第五章　包装造型设计

第一节　容器造型....................................079
第二节　纸盒造型....................................086
第三节　造型上的文化表现............................091

第六章　系列产品的包装设计

第一节　系列化包装的基本概念........................098
第二节　系列化包装设计与品牌创建....................100
第三节　系列化包装设计策略..........................104
第四节　系列化包装设计要点..........................106
第五节　系列化产品包装的分类........................108

第七章　学生优秀包装设计案例欣赏

第一节　嗜家品牌包装设计............................112
第二节　Terra品牌包装设计...........................115
第三节　酱心品牌包装设计............................118
第四节　素谷品牌形象包装设计........................120

参考文献..122

第一章
包装设计概述

PPT 课件，请在计算机上阅读

学习难度：★★☆☆☆
重点概念：发展足迹、绿色包装、包装分类、设计原则

◁ 章节导读

什么是包装？一个普通的杯子，贴上一个星巴克logo的杯子，一个有着包装袋的杯子，价格会产生很大的差别。包装产生价值，在经济全球化的今天，包装成为商品不可分割的一部分。包装在生产、流通、销售和消费领域的作用越来越重要，包装设计的优劣直接影响着产品的销售，因此它被称为"无声的推销员"。本章中我们将沿着包装发展的历史足迹，一起来探索包装设计的本质，以对现代各个包装设计理论有更全面更深层次的理解（图1-1）。

图1-1　斗彩瓷器

第一节　历史与渊源

在包装发展的过程中，人们对包装的认识也是逐渐深化的。以包装物的含义而言，就有广义和狭义之分。广义上的包装物，是指人们用来盛放和包裹食品或用品的器物。狭义上的包装物，则是指市场所流行的销售包装（或称为商品包装），它不仅是某种看得见、摸得着的器物，而且更多地蕴含着保护商品品质、传达商品信息、促进商品销售的内在意义。中国

古文字中的"包"字就是一个育子于子宫中的象形字，它反映了古人对包装的认识与理解（图1-2）。

根据中国《辞海》中的解释以及传统上被人们所接受的含义，"包"有包藏、包裹、收纳等意思，而"装"则有装束、装扮、装载、装饰与样式、形貌等意思。如果我们将传统的包装设计概念概括一下，它具有以下意义：保护，即通过一定方法将物品包容、

图1-2 篆书"包"字

保护起来，使之在质量上免受损害；整合，即将一些无序杂乱的物品按照一定的容量或数量单位组合统一在一起；运输，即通过包装使物品便于运输、搬运；美化，即通过包装使物品显得更加漂亮、吸引人。与对其他客观事物的认识一样，人们对包装的认识也是随着社会生产实践的不断加深而不断更新的（表1-1）。

在人类漫长的文明进化历程中，科技发明、社会变革、生产力的提高、环境的变化以及人们生活方式的进步，对包装的功能和形态产生了很大的影响。从包装的发展演变过程中，能清晰地看出人类进步的足迹，了解包装的发展与演变，对今天的设计工作具有非常现实的意义。

表1-1　各国对包装的不同定义

国家	定义	总结
中国	为在流通过程中保护产品、方便储运、促进销售，按一定技术方法而采用的容器、材料和辅助物等的总体名称	包装是为保护商品，使之能经受运输和保管的考验，并进一步提高商品价值的一种商品化技术手段
美国	包装是为产品运出和销售的准备行为	
英国	包装是为货物运输和销售所做的艺术、科学和技术上的准备工作	
加拿大	包装是将产品由供应者送到顾客或消费者，而能保持产品于完好状态的工具	
日本	包装是使用适当的材料、容器而施以技术，使产品安全到达目的地，即产品在运输和保管过程中能保护其内容物及维护产品之价值	

一、包装的原始形态

从今天对包装概念的理解来说，容器并不能算作真正意义上的包装，但它具备了包装的一些基本功能，比如保护被保存物、方便使用和携带等。而且容器的发展历史相当悠久，它对包装的产生也起到了促进的作用。在我国，古代劳动人民用智慧和辛劳创造出了各式各样形态优美的容器，正像马克思说的："动物依照它所属的那一种类的需要程度来创造，而人却善于按照每一种类的需要程度来生产，而且始终是善于用适当的措施来处理对象，因此人是按照美的规律来创造的。"

1. 陶器

我国的陶器起源很早，1962年在江西万年县仙人洞就出土了距今8000多年的陶器。尤其是到了新石器时代晚期，制陶技术已发展到很高的水平，人们用天然赤铁矿颜料和锰化物颜料在陶器上绘制装饰纹样，烧制成精美的彩陶。彩陶的装饰纹样有植物、动物、山水等自然现象，还有人物以及抽象几何图形。图案的造型手法简洁概括，富于韵律感，流畅刚健，装饰性强，充分反映了古代人类对造型语言和形式美的追求与探索（图1-3、图1-4）。

2. 青铜器

我国早在商代的时候，青铜器就已被普遍使用，但主要都是奴隶主和达官贵人们满足其奢华生活的各种用品，普通的劳动人民则享用不起。青铜器的造型丰富多样，仅作为容器出现的就可分为烹饪器、食器、酒器、水器等。烹饪器主要有：鼎（煮肉的器

图1-3 原始陶器

图1-4 西汉马家窑陶器

物）、鬲（音力，煮粥的器物）、甗（音演，烹饪器）等。食器主要以簋（音轨）最多，用来盛黍、稷等主食，相当于现在的碗。由于奴隶主的生活祭祀仪式多，酒器的造型很丰富，主要有爵（饮酒和温酒的器物）、角（饮酒器）、觚（音姑，饮酒器）、觯（音至，饮酒器），还有壶、卣（音有）、觥（音公）、尊等盛酒器以及盉（音禾，调酒器具）等。水器则有鉴和盘等（图1-5）。

青铜器的创造，体现了古代人民对制造工艺和装饰美学法则的掌握。三条足的鼎，形成了极强的稳定感；觚修长而富有节奏感的造型，像一枝含苞待放的花朵。在装饰上除平面纹样外，还出现了很多立体雕塑装饰，比如把盖的纽做成鸟形，把觥的盖做成双角兽形等，大大丰富了青铜器的造型。

3. 漆器

中国开始以漆作为涂料，相传始于4000多年前

（a）

（b）

图1-5 青铜器

的虞夏时代，但是实际使用漆器的时间可能还要早。1976年，在浙江余姚河姆渡遗址中就发现了距今7000年左右的木胎漆碗与漆筒。商周时代，漆器工艺已具有了相当高的水平，1973年，蒿城台西商代墓葬中发现了几十片漆器残片，这些漆器为朱红地，黑漆花纹，上下交错，构成多种精美的图案。在以后的历史发展中，漆器一直作为中国传统工艺品的一枝奇葩，不断发扬光大。每一个历史时期都会出现新的制作工艺，使得漆器更加绚丽。在中国历代的人物画中，我们常能看到漆器作为道具出现，如化妆盒、食品盒等。它甚至还对欧洲文化产生了影响，18世纪英国著名家具工艺家汤姆·齐皮特曾根据中国漆器的特点，设计出一种装饰风格独特的家具，风靡一时，

在家具史上被称为"齐皮特时代"（图1-6）。

4. 瓷器

中国最具代表性的工艺品首推陶瓷，它几乎成了中国传统文化的象征。陶瓷作为一种容器，在中国历史的发展中，应用面之广、历史之悠久、影响力之大都是其他种类容器无可比拟的。严格地讲，科学意义上的瓷器始于东汉，但从陶器到瓷器，中间大约在战国时期经过了半瓷质陶器的过渡过程。到了东汉时期，瓷质日趋纯正，瓷胎较细，釉色光亮，釉和胎的结合日渐完美。中国的瓷器史基本可以分为青瓷—白瓷—彩瓷三个阶段。直至今日，陶瓷除了工艺品、日用品以外，也是一种常用的具有民族传统风格的包装形式，像白酒、中药的包装等（图1-7）。

（a）

（b）

图1-6　漆器

（a）

（b）

图1-7　瓷器

图1-8 唐代金器图

图1-9 欧洲
酒桶

图1-10 粽子

图1-11 葫芦

除了上述的一些主要形式以外，像金银器（图1-8）、石器、玉器、木器、琉璃等，都曾作为容器使用。

在使用容器方面，不同的文明大致有着相似的经历，但是每一个文明都有其独特的一面，像古埃及人早在公元前3000年前就开始以手工方法熔铸或吹制玻璃器皿来盛装物品；古希腊文明则非常擅长使用石材；古代欧洲有广袤的森林，对木材的使用很擅长，很早就用木板箍桶来酿酒（图1-9），甚至还能造出像特洛伊木马那样巨大的容器。

二、形式与功能结合的天然包装材料

古代劳动人民在长期的生产生活中，运用智慧，因地制宜，从身边的自然环境中发现了许多天然的包装材料，如木、藤、草、叶、竹、茎等。

相传在战国时期，人们为了在端午节这一天纪念伟大的爱国诗人屈原，创造出了一种独特的食品，即粽子。它用清香的箬叶包裹糯米，形状为独特的三角形，外边再用彩线捆扎，非常美观（图1-10）。在蒸煮的过程中，箬叶的天然清香渗透到糯米中，形成了独特美味的食品，这种形式与功能完美结合的食品一直流传到食品种类丰富的今天，仍然受到广大人民的喜爱，由此可见其包装形式的生命力。

在中国古典文学名著《水浒》"鲁提辖拳打镇关西"一段中，描写了屠夫镇关西用荷叶来包装切好的肉馅的场面，不过最后还是被鲁智深将整包肉馅甩到脸上。可见民间用天然的荷叶包肉已有很久的历史，这无疑是一种科学有效的保存食物的手段。柳宗元也曾在诗中描写道"青箬裹盐归峒客，绿荷包饭趁墟人"，就是对当时民间包装材料应用的真实写照。

中国有句俗语："不知葫芦里卖的什么药。"同样，用葫芦装药盛酒，在古代曾被普遍应用。葫芦外壳坚硬，保护性好，能起到良好的抗腐防潮作用。外形美观，而且便于携带。现代，葫芦作为包装材料已很少被使用了，但它那为人喜爱的造型特点常被应用到产品包装设计中（图1-11）。

竹、藤、草也普遍被当作包装材料使用。它们的

图1-12 清代竹编花篮图

图1-13 皮革丝绸包装

起源应当早于陶器，但由于这些材料易腐，很难有更早期的实物保存下来。20世纪五六十年代，在浙江吴兴钱山漾的新石器时代遗址中，出土了大量的竹编。太湖周围的环境在原始社会非常适合竹藤的生长，因此，可能是当时竹编的重要生产区。在200多件文物中，有篓、篮、簸箕、谷箩、竹席、农具等很多品种。竹编大都使用加工、刮光过的篾条编出人字纹、梅花纹、菱格纹、十字纹等各种花纹，这表明人们很早就已注意了实用与美观相结合。在明代《野获编》中对易碎品包装的记载很绝妙："初卖时，每一个器内纳沙土及豆麦少许，数十叠辄牢缚成一片，置之湿地，频洒以水。久之，则豆麦生芽，缠绕胶固，试投革确之地，不损破者以登车。"这种方法将植物的特性在包装设计上运用到了极致，充满了智慧，令人叫绝（图1-12）。

除了这些，麻、木、皮革等也常被用作包装材料。我国是丝绸的故乡，丝绸自然也被用作包装材料，制成锦袋、锦盒等（图1-13）。

古代劳动人民通过掌握天然材料的特性将之合理、科学地应用于包装设计中，其用材的合理、制作的巧妙以及装饰造型的美感充分体现了古人在包装设计中所追求的形式与功能的完美统一，对于我们今天的包装设计仍然具有很大的启迪和借鉴作用。

在奴隶制和封建制的社会条件下，包装设计处于发展时期。这个时期，在西方大约从公元前3000年左右至18世纪初；在中国，则是从公元前2000多年的夏朝初期至19世纪中叶封建经济开始瓦解为止。早在新石器时代后期，农业和手工业的社会大分工促进了冶炼业的兴起和科学技术的进步，开始出现专门从事商业的商人，推动了商品交换的发展。出于商品交换的需要，人们对商品包装的设计、制作和研究也进入一个新的阶段。

三、商业出现后包装促销功能的体现

我国在很早就出现了商业活动，大约是在距今五六千年前的原始社会晚期。当生产力发展到一定水平，有了社会分工和产品的剩余后，商业活动就自然而然地产生了。《易·系辞》中就有"包氏没，神农氏作，……始列尘于国，日中为市，致天下之民，聚天下之货，交易而退，各得其所"。"列尘于国"指的是交易场所，"日中为市"是指交易时间，说明当时的商业交换活动比较频繁，并且已有了固定的时间和场所。到了殷商时期（公元前1751年～公元前1122年），货币首次产生并使用，以"贝"为货币，以"朋"为单位（图1-14）。西周时，文王治岐，采取了"关市讥而不征"的免税奖励政策，大大促进了商业的发展，并设立了完善的商业市政机构。春秋时，形成了咸阳、邯郸、大梁、洛阳、临淄等商业大都市，商人的社会地位也得到提高。比如吕不韦用经商挣得的钱买到了秦的卿相职位。还有猗顿贩盐、郭纵铸铁而富比王侯的事例。

商业的发展带来了商业的竞争，商人们为了维护自家产品的信誉而促成了商标和包装等形式的出现和发展。1964年，在陕西咸阳以及后来在河南长葛市出土的西汉铁器，许多上面铸有"川"字，"川"指颍川群阳城（今天的河南登封市告城镇）。另外，在北京郊区大葆台西汉古墓出土的文物中，有的铁斧上面铸有"渔"字，"渔"指渔阳郡（今天的京郊密云县）。这些可以看作是最早的产品商标的使用。

关于包装的使用，在我国不会晚于战国时期，在《韩非子》中记载了"买椟还珠"的故事，是讲一个不识货的郑国人以高价买去了华丽的装珠匣子，而将珠子还给了商人。这也从侧面说明了当时商业对包装的重视，以及当时的包装对消费者的吸引力。

欧洲的商业文明则是以地中海沿岸展开的，海运的发达促进了商业的发展。比如埃及的玻璃容器和制法就很快传到了欧洲大陆。古代埃及还出现了早期的商品标签。公元前13世纪的葡萄酒罐和壶上，或拴或贴上表示内容的书写文字的标贴。在埃及第十八王朝（公元前1567年~公元前1320年）宫殿内贮藏的酒容器上就贴着注有"上等葡萄酒""特级上等葡萄酒"的标记以示区分类别，这可能就是酒贴包装的最早起源。另外，在大英博物馆所藏的古埃及神庙建筑的瓦片上（公元前1450年左右）刻有制造者的名称标记，此类标记还出现在同时期的一些纪念雕刻、手工饰品上，表明了生产者已经开始具备品牌意识（图1-15）。到了古罗马时期，商业的繁荣促使了许多商业宣传手段的出现，在古庞贝城的遗址中就可以见到许多，实际上就是源于古罗马时期的酒馆在招牌上配挂木枝的习惯而得来的。这些都反映了商业的发展对商业促销行为所产生的促进作用。

四、包装技术、材料的进步

造纸术是我国古代四大发明之一。纸的出现逐渐

图1-14 商代贝壳货币

图1-15 埃及手工饰品上的标记

替代了以往成本昂贵的绢、锦等包装材料。《汉书·赵皇后传》中就有用纸包装中药的记载。从此，纸被运用到食品、药品、纺织品、化妆品、染料、火药、盐等物品的包装中。随着造纸技术的不断改进，开始出现如加上染料制成象征吉祥、喜庆的红色包装纸，加上蜡制成有防油、防潮功能的包装纸等（图1-16）。

到了1~9世纪，造纸技术取得了很大进步，使短时间内大量造纸成为可能。最早的制纸机是1803年英国伦敦的制纸业者富德林那兄弟研制成功的，是用亚麻、木棉等作为原材料，通过煮、碎、造浆等步骤完成制纸的。这时的纸品纸质粗糙，不适宜彩色印刷。

印刷术也是由中国发明的，其发展是由雕版印刷的发明开始的（图1-17）。隋唐时期，雕版印刷技术已经相当高超，如现存最早的雕版印刷品之一，敦煌发现的公元868年刻印的《金刚经》，其版面工整，

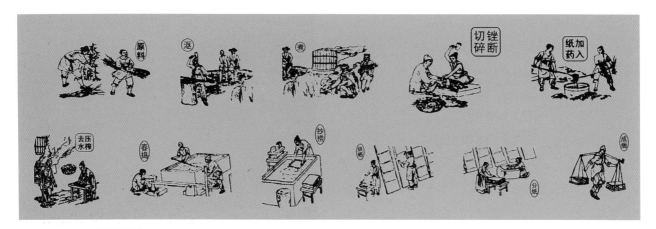

图1-16 古代造纸流程

图文并茂，印制精美，体现出印刷技术与版面设计的结合。

到了宋代，我国雕版印刷达到了高峰，许多地方形成了大规模的刻印中心，这时期出版印刷了大量典籍。由于商业的发展，还出现了木版刻印的世界上最早的纸币（交子）（图1-18）。

印刷术也被运用到包装设计中，比如在包装纸上印上商号、宣传语和吉祥图案等。

随着印刷技术的传播，公元1243年，欧洲出现了雕版印刷，如德国的"圣克利斯托尔非"画像，这比我国的雕版印刷晚了约600年。

19世纪初期，玻璃瓶、陶瓷罐、金属容器、纸板盒、包装纸等都需要在外部表示出商品的品牌形象，起到引人注意、传达商业意图、提高产品附加值的作用。包装技术迅速结合了进入全盛时期的印刷技术，精美的彩色印刷应用于纸盒包装上。如美国某洗涤剂厂在其产品上使用了精美的彩色插图，有些人收集了这样的包装，且对其关心的程度竟超过了商品本身。

在印刷技术的支持下，商品的信息传达方式变得更加自由、直接。包装上的信息传达功能取代了以前必须掌握商品知识的推销人员，使零售业的普及成为可能。

五、包装产业化的形成

随着人类科技的进步，特别是欧洲工业革命以后，商业的流通手段得到了很大的发展，远洋运输、铁路运输的出现，以至后来的公路、航空运输的发展使商品流通的范围扩大到全世界。在这种情形下，包装必须形成产业化才能配合商品流通的需要以及销售方式的日渐变化。

英国的立顿（Lipton）茶包装被公认为是现代

图1-17 雕版印刷

图1-18 交子

图1-19　1892年立顿广告介绍

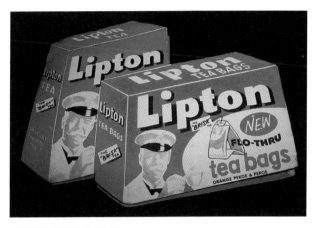

图1-20　立顿茶包装

包装的先驱。中国的茶是17世纪后半叶传入英国的，一经传入就立刻成为王公贵族、上层社会及有钱人的奢侈品，饮用来自中国的红茶成了高贵时尚。但由于中国路途遥远、茶叶不易运输，有人就建议在英国的领地印度种植茶叶。1823年，人们偶然在印度东北部发现了自然生长的茶，这样，印度的茶通过东印度公司被大量运回英国，茶的价格变得便宜了，普通大众也有能力购买。当时，伦敦的茶商为了促使普通公众前来购买，想尽了各种办法。

立顿茶商借鉴了当时市场上火腿、腌肉、黄油、蛋等分块包装而便于销售的经验。在当时，每磅茶要三个先令，这对于一周只有2镑左右收入的一般家庭来说，还是显得有些昂贵。于是，他们将茶分为一磅、半磅、1／4磅的袋分装，并统一使用经过精心设计的包装袋。包装上突出了Lipton的商标，并且使用了"从茶园直接到茶瓶"的广告语。这种包装方便了消费者购买，并树立了良好的品牌形象，很快便得到消费者的认同而取得了销售成功。在1900年以前，大部分茶还是散装出售，但在1900~1914年间，英国食品杂货店中的大部分商品就再没有散装出售了，基本上都有了自己的包装（图1-19、图1-20）。

1860年，美国人爱默生写了《生活指南》一书，这是一本较早谈到有关商品包装的书籍。在这部书里，他讲到，当时的商人们已经注意到在运输过程中，存在着货物的破损问题，于是产生了以保护商品安全为功能的包装。

19世纪末，美国贯穿东西的铁路运输带动了整个铁路沿线的商业发展，铁路也成为美国东部与西部之间商业流通的主要手段。1871年，美国人琼斯申请了瓦楞纸的发明专利。

瓦楞纸重量轻、成本低，具有良好的保护性，成型简便，而且可折叠，仓储运输成本都很低。20世纪初期，瓦楞纸包装撼动了传统的木箱包装业的霸主地位，木箱行业被迫联合铁路部门，对瓦楞纸箱的使用制定了苛刻的限制条件，于是在生死存亡的关头，瓦楞纸箱生产厂家团结一致诉诸法律，经过艰苦的诉讼，最终赢得了胜利，这就是包装发展史上著名的洛杉矶"普赖德哈姆案件"，它对包装产业的健康发展起到了良好的促进作用。

工业革命以后，机器化的大生产逐步取代了传统的手工作坊生产，包装机械的应用使包装更加标准化和规范化，各国还相继制定了包装工业标准，以便于包装在生产流通各环节的操作。现在的包装产业在各工业化国家中已发展成为集包装材料、包装机械、包装生产和包装设计为一体的包装产业。目前在美国，包装业已成为第三大产业，在国民经济中所占的比重也在逐年增加。

六、包装形态的不断丰富

产业化包装发展的历史，既是包装材料及制造工艺的发展史，也是包装形态不断适应市场竞争而变化的历史。主要的包装材料如金属、纸板、玻璃、塑料等，能有今天丰富多彩的形态，是历经了不断演变的。

1. 金属材料包装的发展

用金属罐作为包装的想法在200年以前就诞生了。在1795年，拿破仑为了军队远征的需要，出重金悬赏能够想出长时间保存食品方法的人。自那以后，金属包装的开发不断继续，制造业和食品的保存方法在19世纪进入了快速发展期。1810年，杜兰德发明了用金属罐保存食品的方法。起初，由于生产工艺和成本的限制，金属包装并没有迅速普及开。到了美国内战期间，出于军队的需求和人们为了储存食品以备战乱的需要，金属罐头才得以广泛使用。

由于工艺的进步，金属材料应用的范围也在扩大，1841年，美国肖像画家佩洛罗德用挤压法制造金属管装颜料。这种技术随后开始大量运用，到了1892年，"高露洁"将牙膏首次装入金属软管，并很快被消费者接受。1868年，彩色印铁技术得以发明，金属材料包装的形象焕然一新。随着石版印刷技术的发展，印铁技术也更上一层楼。在1810年时，一个工人一天约能生产60只左右的马口铁罐，1846年，恩利·埃坡士发明了一天生产600罐的机器；1870年，英国建立了最早的金属罐生产工厂，开始大机器化生产。现在，最先进的加工厂达到一天将近100万罐的产量，仅欧洲就有年产320亿罐以上的生产能力（图1-21）。

铝制包装的出现是金属包装技术上的又一大飞跃，它柔软性好、重量轻，只有铁皮的1／3，光泽度也好。在20世纪30年代，许多日用品和食品都开始采用铝制软管作包装，像牙膏、面膏、胶水、鞋油、酱、奶酪、炼乳等。1963年易拉罐铝罐诞生，由于其使用的便捷性、成本的经济性而大大地促进了罐装啤酒和饮料业的发展。1943年由沙利文在美国取得了空气喷雾罐装置的专利，它结合物理学和力学原理，为人们的生活带来了极大的方便。此外，随着技术工艺的不断进步，金属包装在成型上越发多姿多彩，应用领域也不断扩大。

2. 纸板包装的发展

在19世纪初期，杂货商们在零售中经常给食品掺假或短斤少两，因而常常引起民愤。一个名叫约翰·霍尼曼的厂商，把混合茶在出厂时就包装好，并在包装上印上他的名字和厂址，避免了上述问题的发生。这是厂家包装问世的开始。

厂家直接包装的出现可以说是商业中的一场革命，它奏响了现代商业的序曲。厂家与消费者处于直接接触中，避免了买卖双方的摩擦。但最初的推广是十分艰难的，杂货商们不愿零售这种商品，这种事先包装好的商品，降低了可从零售中获取的更多利润。在杂货店为重要销售渠道的时代，纸盒的需求量逐渐上升，以纸盒替代包装纸，关键是要降低纸盒的成本和保证足够的生产量。人们意识到，一个完整的盒子可以通过剪切和折叠一张卡纸而制成。它既方便快捷又在成型前可以平放而少占空间。这种方法在1850年最早出现于美国，商业发展的趋势决定了它在包装业中注定要扮演重要的角色，尤其是卷烟业兴起以后。

19世纪中叶，英法等国和美国市场上的纸盒包

（a）　　　　　　　　　　（b）　　　图1-21　金属罐

图1-22 纸盒包装　　图1-23 三角锥包装

装就已普及了。纸盒包装成本低，制作工艺相对简单，而且包装上可以印刷精美的图案，宣传效果好（图1-22）。瓦楞纸的出现，也使纸质包装的应用领域扩大到运输用的外包装中。在发展过程中，人们逐渐克服了纸包装防油、防潮性差的缺点，生产出适合商品特性的特种纸张。1897年，美国开始出现经过涂蜡处理的饼干纸板箱包装。20世纪50年代，瑞典的一家公司运用与塑料复合制成的纸来包装牛奶，包装呈三角形，造型新颖，饮用方便（图1-23）。随后，英国在此基础上把包装形态改成方砖形，这种包装很快取代了传统的玻璃瓶，而且还被用来包装果汁、饮料等其他液态产品。

纸板包装在成型上非常简便。在形态上随着市场的需求而变化，及时易行。比如，包装上使用天窗、便于携带的手提式结构、硬盒翻盖包装等。尤其随着售卖方式的改革，纸包装形态也出现了很大变化。比如，更适合于超市销售的POP式包装、快餐包装、个性化的专卖店产品包装等。

2000年我国人均纸张消费26千克（上海人均已达100千克），仅及世界人均消费水平的一半，远低于发达国家年人均200~300千克的水平。改革开放以来，国内纸张消费需求日趋旺盛，20世纪90年代，我国纸张消费量以年均12%的速度递增，已达到约3500万吨，仅次于美国，居世界第二位。我国纸张产品市场蕴藏着巨大潜力。

3. 玻璃包装的发展

玻璃起源于埃及，早在公元前16世纪，古埃及人就发明了以石英石为原料，用热压法生产玻璃容器的方法。公元前1世纪，罗马人发明了吹制玻璃的方法，并创造出厂"浮雕玻璃工艺"。这种吹制技术在汉代从罗马传入了我国，到了明代，我国已经能大量生产玻璃器皿。玻璃瓶则早在公元300年就在罗马普通人的家庭中得到使用。1809年，阿珀特发明了用玻璃瓶保存食品的方法，此后到19世纪后半叶，在商店、杂货店中出售的许多商品都使用玻璃瓶作为包装，如从1884年开始，牛乳开始使用玻璃瓶进行灌装生产。玻璃瓶作为酒的包装，尤其是葡萄酒的包装已有很长的历史。1903年，欧文斯成功研制出了全自动玻璃制造机械，使廉价的瓶装啤酒的大规模生产成为可能。20世纪后新技术不断出现，钢化玻璃、浮雕工艺、喷砂工艺、彩绘工艺等为酒类、化妆品、食品等的包装容器带来了更美观的形态（图1-24、图1-25）。

1936年，法国塑料薄膜的热成型法成为肉类食品的热收缩包装技术，后来结合了抽真空技术，延长了肉类食品的保质期。塑料成型技术的进步，凭借其成本优势和不易碎等特点，逐渐取代了许多玻璃瓶包装。此外，原先的金属可挤压软管也逐渐被塑料软管取代。1945年，发泡聚氨酯开发出来并被大量应用于包装中，当作缓冲材料。此后，塑料材料不断改进。20世纪90年代以来，尽管塑料包装材料一直是个严重的环境问题，但从近年来发表的数据看，塑料在包装工业中仍是需求增长最快的材料之一。

4. 环保型包装的发展

21世纪初，随着世界经济的日益增长，高科技不断发展，产品日新月异，无论是日用品包装、食品包装、工业包装，都有了更高的要求。另一方面，随着环保呼声日烈，在满足包装功能的前提下，尽量减少垃圾的产生量，从而呈现出包装薄膜、容器、片材向轻量化、薄壁化发展的趋势。特别是聚乙烯、聚丙烯的开发进一步提高了软包装结构的许多性能，如韧度、透明性、阻渗性、耐热性和抗穿刺性能等，并可降低热封温度、改进加工工艺、提高包装生产线速度等。聚乙烯食品包装膜的特点之一是可以控制氧气、二氧化碳以及水蒸气的渗透率，大大延长了食品的货架寿命（图1-26）。

被誉为明日塑料之星的塑料共混物、塑料合金、无机材料填充增强的复合材料，在20世纪发展的基础上，通过基础研究和应用研究两方面的共同努力，生产和加工技术将获得进一步提高和完善，产品性能得到改进和形成系列化，功能方面也将取得更大的进展，对提高塑料包装质量、附加值和环保性能以及开发新产品将产生更大的影响。

图1-24　罗马吹制玻璃

图1-25　早期玻璃酒瓶

图1-26　环保包装

- 补充要点 -

全球食品包装巨头：利乐

　　1951年，利乐公司在瑞典隆德成立，60多年后的今天，利乐已在全球约170个市场上销售，是全球最大的液态食品包装系统供应商之一（图1-27）。

　　1. 利乐砖。包装可提供五种样式：标准型、适中型、苗条型、正方型及利乐峰，且每种样式均提供多种容量及形状。容量范围涵盖从 200～1000毫升的家庭装。其矩形形状有助于将其整齐地堆叠在货盘上、运输容器中、超市货架上或家里的冰箱中。利乐砖的包装材料以卷筒的形式提供，体积紧凑，方便运输和储存。利乐砖包装使用最少量的材料来生产兼顾功能和保护作用的包装，并最大限度增加可再生材料的比例。在进行回收处理时，包装可完全压平。

　　2. 利乐钻。是根据无菌利乐砖技术系统原理开发的一种八面体包装，此包装易于手握，方便倾倒，外形新颖，具有金属质感，适合高端时尚饮品。无菌利乐钻包装是一种高端纸包装，具备引人注目的独特外形和出色的倾倒和握持特性。无菌利乐钻包装的印刷可以体现金属效果，在货架上更添魅力。包装容量从125～1000毫升家庭装不等。

　　3. 利乐佳。包装特别为通常以罐头、玻璃瓶和袋包装的产品而设计，是世界上首款二次灭菌纸盒加工和包装系统，对所包装的食品颗粒大小并无限制。采用利乐佳包装的豆类、蔬菜、番茄、汤和酱等食品，均可在纸盒包装内进行灭菌，保质期最长可达24个月。

　　4. 利乐皇。生物质包装，首款完全可再生包装。包装完全由从甘蔗中提取的材料制成。利乐皇使用的生物质塑料由巴西的化工企业 Braskem 生产，其原料完全来自生长在退化草场上的甘蔗。生物质利乐皇包装尺寸从 250～2000毫升不等，适用于所有冷藏牛奶的容量规格。

图1-27　利乐包装产品

第二节　中外包装设计的发展历程与未来

一、中国包装事业的发展

1840年鸦片战争以后，中国逐渐变为半封建半殖民地社会。当时虽然也引进了一些西方的包装设计制作技术和现代印刷术，如珂罗版、胶版印刷等，但包装设计事业的发展仍十分缓慢，直到新中国成立前，终未形成较为发达的包装设计事业。1949年中华人民共和国的建立，为我国包装设计事业的发展开辟了广阔的前景。1956年，我国成立了第一所培养工艺美术人才的高等学府，即中央工艺美术学院。学院中设有包装装潢设计专业，60多年来培养了大批包装设计人才。随着国内经济建设、文化建设的开展和人民生活水平的逐步提高，我国的包装事业在设计、生产、科研和人才培养方面都有了较快的发展与进步。

我国在1980年和1981年先后成立了中国包装技术协会和中国包装总公司。1981年3月，中国包装技术协会所属的设计委员会在北京成立。1982年9月，北京由中国包装技术协会和中国包装总公司联合举办了首届全国包装展览会，展出了36000件展品，比较集中地反映了我国包装工业的发展和包装设计水平。此后，中国包装技术协会的设计委员会又在各地区建立领导小组，开展多种形式的交流活动，定期举办各地区的包装设计展览，设立了"华东大奖""中南星奖""西南星奖""华北大奖"等奖项，推动了全国各地包装设计事业的发展（图1-28、图1-29）。

20世纪80年代以来，随着我国社会主义市场经济的发展，包装工业迅速发展，一些主要的包装制品，如塑料编织袋、纸箱、软复合包装、金属桶、纸复合罐等，产量已在世界名列前茅，承担着数万亿元国内商品和上千亿美元出口商品的包装任务。在包装材料、包装容器和包装器材的生产方面，从仅生产一些简单包装产品的水平，发展为包括纸制品、玻璃制品、金属制品、包装印刷、包装机械等较齐全的包装产业，具备了生产国际流行产品的技术能力。

图1-28　20世纪80年代磁带包装

图1-29　20世纪80年代饼茶包装

当前国际、国内市场变化日新月异，产品不断更新，消费者的实用需求与精神需求不断提高，销售领域的竞争日趋激烈，商品流通的范围日益扩大，新材料、新工艺不断开发，这些因素既对包装设计提出了许多新的要求，也为包装设计提供了许多有利条件。在这种形势下，我国包装设计事业正在蓬勃地向前发展。

二、欧美包装事业的发展

工业革命又称产业革命，18世纪60年代从英国开始，19世纪席卷了整个欧洲，是一个由手工业生产到机器工业生产的变革过程。随着商品经济的发展和市场交易的扩大，包装成为商品流通中一个不可或缺的环节。包装作为销售性媒介，改变了以往单纯贮存物品的静态特征，被赋予新的使命。产业革命之后，由于生产技术的提高，大量的商品充斥市场，推动了市场营销方式的改变，为增强商品的竞争力，要求包装从材料的选择到结构、造型和装潢的设计都

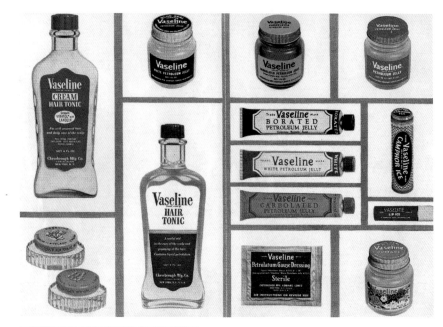

图1-30　19世纪洗发水广告　　　　图1-31　20世纪50年代化妆品包装

要精益求精。在1929～1933年的世界经济危机期间，市场萎缩。为了促进商品销售，包装引起了厂商的重视，以求借助商品包装及广告媒体打开产品的营销市场。第二次世界大战之后，争夺商品市场的斗争也进一步激化了。20世纪40年代，美国完成了超级市场的大发展时期，直接刺激了商品包装事业的迅速发展，使包装不仅成为商品销售的媒介，而且成为市场竞争的有力武器。国际贸易的迅速增长，推动了包装材料、包装技术、包装机械的不断改进，也推动了包装设计思想的不断更新（图1-30、图1-31）。

包装设计对经济和社会发展做出的贡献也日益受到重视。欧美及日本等许多先进工业国纷纷建立各种包装设计与研究机构，许多高等设计院校把包装设计列为一门专业科目。不少大、中企业都投资本系统包装设计的研究，出刊物、办展览、搞评比等，都有力地推动了现代包装设计的发展。特别是日本包装设计的崛起，为日本的经济振兴发挥了有效的作用，为世界包装界瞩目。

三、包装设计的未来发展趋势

1. 影响包装设计发展的重要因素

包装设计的发展过程就是包装形态的发展历程，每一个时期的包装都有其鲜明的时代烙印。包装形态的发展，反映出人类文明与科技的进步。新产品的产生、消费形态的改变、商业流通的发展、新材料的涌现，制作工艺、技术的改进，市场营销的发展等都会促使新的包装形态出现，甚至人们的生活观念、审美情趣的改变也会对包装形态产生影响。充分了解包装新形态的发展因素，对于在设计中准确把握设计的理念是很有帮助的。

（1）新产品技术需求的因素。随着社会的进步，新产品不断出现，对包装设计本身也提出了新的挑战。如何保护、保存这些产品？如何让它们安全地进入流通领域？如何在商业销售中取得成功？这些新的课题促进了包装结构、材料、视觉传达等方面的不断更新与进步。

（2）消费形态发展的因素。包装是为消费者服务的，要从消费者使用、喜好的角度来考虑。因此，消费形态对包装设计有重要的影响。从20世纪包装的发展来看，POP式包装、便携式包装、易拉罐、压力喷雾包装、真空包装等，都是消费需求所致。如今，互联网给人们的生活带来了极大的方便，网上交易、网上购物等新的消费形态也渐渐被越来越多的人所接受，包装设计也必将面临更大的改变。

随着人们生活节奏的加快，商品在包装上要求更加体现出便利性和简洁性，尤其是食品，大量的半成品、冷冻食品、熟食制成品、微波食品涌现出来，包装也随之在结构、材料、功能上发生变化。例如，随着微波炉的家庭普及，微波食品也越来越多，这促使冷冻食品和蒸煮食品的形态日趋多样化，使用便利、可以直接微波加热的各种包装材料不断出现。

在欧美和日本等一些发达国家，自动售货机遍布大街小巷和地铁车站。包装设计为了适应自动售货的特点，也会相应地在形态结构上发生变化，对包装设计提出新的挑战。

（3）流通发展的因素。贸易的国际化是现代社会经济发展的特点，包装设计行业也要适应这种国际发展的趋势，使商品包装更便于运输且保质时间更长。

（4）市场营销发展的因素。市场营销是立足于消费心理的销售科学。在激烈的市场竞争中，由于科技的进步和市场的逐步规范，消费者仅从产品质量上已经很难分出高低，在这种情况下，商家只有找到自己商品的特性，才能促使消费者购买。

2. 包装设计未来发展趋势

20世纪90年代后，科技的开发带动了新的市场秩序，随着流通比率的增加，环境的负荷量也随之加大。环境保护成为全球关注的热点，包装设计被披上了浓重的"环保"色彩。欧洲包装进而提倡"绿色主义"，如"绿色食品""绿色包装"的呼声越来越高。为尽量避免包装可能带给人类的副作用，以及节省天然资源和减少资源消耗，各发达国家纷纷制定改革政策，采取措施。如要求包装符合4R：Reduce（减少材料用量）；Refill（增加大容器再填充量）；Recycle（回收循环使用）；Recover（能量再生）。这些相关的政策迎合了今后包装设计的新导向。

如今人类已进入21世纪，现代包装设计的趋势已指向全球性的环保原则，同时，也日益从重视功能性、合理性转到重视情感、人性化的方面。工业时代转化到信息时代之后，情感交流上的匮乏将是重要问题。因此，包装设计不仅得适应基本的功能性，还要从人的生理及心理舒适协调出发，努力追求人和物组成一体的人、机、环境系统的平衡与一致。注重包装结构，包装色彩、文字、图形以及其编排形式等视觉传达要素与消费者的亲和关系，从而使人获得生理上的舒适感和心理上的愉悦感，这是现代包装设计的必然趋势。

第三节　包装设计的功能

一、包装设计的目的

商业包装通常是以一件商品为一个销售单位的方式来进行包装的，其目的是为了体现商品的价值，激发消费者的购买欲望，提高销售量，因此以消费者为对象来进行设计。

工业包装则是指生产原料运输过程中所使用的容器，以及产品从仓储、运输、销售环节中所使用的包装等，其主要目的是使产品免受外力的损坏，并适应现代物流行业的需求，一般都可以重复使用。通常外观设计简洁，注重可操作性、简便性、经济性和牢固性等因素。

二、包装设计的功能

通过对包装的解释和定义的分析，结合包装发展的历史，可以将包装的功能分为三个方面：物理功能、生理功能和心理功能。

1. 物理功能

包装的物理功能主要体现在保护商品上，这也是

（a） （b）

图1-32 酒的包装设计（许麒晟）

包装最根本的功能。一件商品要经过多次流通，才能走进商场或其他场所，最终到达消费者手中，这期间需要经过装卸、运输、库存、陈列、销售等环节，在储运过程中有很多外因，如撞击、潮湿、光线、气体、细菌等，都会威胁到商品的安全。因此，包装必须保证商品不受各种外力损伤。另外，方便运输装卸、仓储陈列、生产加工、包装废弃物的处理也是包装物理功能的重要体现。在物理功能方面，包装是包裹、捆扎、盛装物品的手段和工具，也是一种操作活动。科学、安全地保护商品是物理功能的基本要求，起到"无声卫士"的作用；经济、方便的便利功能是对物理功能的附加要求，起到"无声助手"的作用。

2. 生理功能

包装的生理功能主要体现在对使用者的安全和便利上。优秀的包装应该是符合人体工程学结构的，方便消费者开启、收藏、携带和使用，而且包装的设计对使用者应该是绝对安全的。包装的生理功能还体现在商品的易辨识性和品牌的易记忆性方面。在包装中运用的色彩、主题和中心文字，可以使商品更加醒目、容易脱颖而出。一个好的包装作品应该以"人"为本，站在消费者的角度考虑，这样会拉近商品与消费者的距离，增加消费者与企业之间的沟通。生理功能也属于产品的基本要求。

3. 心理功能

在满足产品的基本要求之后，包装的重要性更多地体现在心理功能上。现代包装一个最重要的目的就是促进商品销售，面对同质化商品竞争激烈的形势，包装功能更要侧重于销售功能及品牌形象的提升。要想让产品从琳琅满目的货架中跳出，包装不仅要给产品一件既安全又漂亮的外衣，更需要给予消费者视觉愉悦以及超值的心理感受，才能达到"包装是沉默的商品推销员"的目标。包装的心理功能还体现在对企业文化形象、产品品牌内涵的增强上，反映企业精神和文化精髓。随着商品经济的发展，包装将不仅仅是一个漂亮的容器，而是一种新的文化趋向（图1-32）。

三、包装设计与品牌文化

1. 通过视觉要素突出品牌特征

包装设计将品牌商标、文字信息、图案、色彩、造型、材料等多项要素根据不同的目的有机地组合在一起，是一项综合的系统工作。从商品特性为出发点，遵循品牌设计的基本原则，将品牌的视觉符号最大限度地融入包装设计上，形成独有的品牌个性，与其他竞争商品形成区别，并明确所属的品牌，对消费者形成强调。

在具体的包装设计中，包装上的图文内容必须信息明晰、内容规范，直接推销品牌，才不会对消费者形成误导，造成对品牌的不良影响。设计风格强调能代表品牌形象的专用色彩，适当结合能够烘托品牌形象的色彩，使消费者产生一定的视觉反射，能够快速地通过色彩来感知品牌。例如柯达胶卷的黄色包装

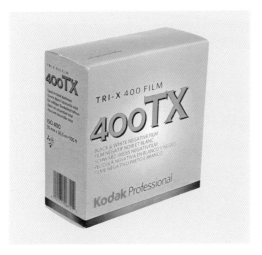

图1-33 柯达胶卷包装

图1-34 雪碧汽水包装

（图1-33）、雪碧汽水的绿色包装（图1-34）。

2. 运用包装进行品牌销售

通常情况下，消费者只需根据包装画面上的图文介绍就可以了解商品信息，从而决定购买与否。因而包装设计需要突出以下几个方面。

（1）考察商品陈列的环境，在包装的色彩、图案、造型等方面突出品牌的视觉冲击力，以区别于同类产品，最终脱颖而出（图1-35）。

（2）从品牌定位、品牌个性化方面着手，明确目标受众，选择合适的渠道，从而决定包装设计风格以突出品牌及优点等消费者关注的重要信息（图1-36）。

（3）考察销售渠道和价格差异，使包装更具品质感、美感和附加值，以提升品牌的知名度和美誉度。

3. 通过包装体现品质

消费者往往会根据包装设计的优劣对产品的品质进行判断，并会对商品所属品牌产生连带效应，认为品牌的价值等同于产品品质。高端品质的商品使用劣质包装，会使人怀疑产品的质量是否可靠；低端品质的产品使用华贵包装，则会让人觉得受到欺骗。因此包装设计必须能够正确地体现出品牌的品质，加以适度优化，才能赢得消费者的信任。（图1-37）

4. 通过包装进行品牌传播

货架上的商品是无声的广告，与消费者零距离接触，是实现品牌价值的第一线，消费者则是它的受众。在琳琅满目的产品中，品牌通过产品包装被消费者感知并认可，随着产品的质量、品位被逐渐接受和喜爱，品牌也就深深植入消费者的心里。只有包装设计完美地体现品牌价值、品牌文化、品牌品质、品牌实力、品牌诱惑力的时候，才能更有效地发挥品牌传播渠道的作用。品牌建设是一个长期的过程，是一个必不可少的环节，更是一个不可替代的要素。

图1-35 独特的包装造型

图1-36 突出品牌个性的包装

图1-37 体现产品品质的包装

- 补充要点 -

红点奖（Red Dot Award）

红点奖源自德国，可以一直追溯至1955年。起初，它纯粹只是德国的奖项，但后来逐渐成长为了国际知名的创意设计大奖。红点奖分为产品设计奖、概念设计奖、传播设计奖3种。

到今天，有来自40多个国家，超过4000名参赛者。红点奖是设计界中的"奥斯卡"，世界上规模最大最尊贵的设计奖之一。与法国工业设计院Janus大奖和德国汉诺威工业设计论坛iF工业设计奖并称全球工业设计三大顶级奖项。

在整个工艺设计领域，获得红点大奖往往意味着设计出卓越的传世之作，获奖产品均陈列于德国第六大城市埃森的红点设计博物馆，供世界各国产业界与文化界人士参观。红点奖评选的标准极为苛刻，评选会严格按照"通过筛选和展示认定资格"的标准进行，只有上市不到两年的产品才具备参选资格。同时，形成参选产品与同类产品的区别，为设计者提出了更高的要求。

第四节　包装设计的特征与原则

包装设计应当具有人性化特征。产品和产品包装虽然可以分开，但在实际的销售过程中却是不可分割的整体。在进行产品包装设计的时候，必须充分考虑使用者的因素，不仅要具备包装的基本功能，还需要有对产品相关的人性化考虑。在包装所体现的信息方面和具体使用方面，需要设计者多站在消费者的角度来考虑，以达到人性化设计的目的。

一、包装设计的功能突出人性化特征

1. 包装设计的物理功能

为了保护商品不受损坏，同时也是为了保护使用者不会受到伤害，如果产品没有包装，就会在搬运或者携带过程中带来极大的不便，甚至让使用者受伤，所以包装实际上也保护了商品的使用者（图1-38）。

2. 包装设计的生理功能

予人方便，包括储运方便、销售方便、使用方便。例如很多包装都会设计成方形，可以大批量运输

和堆放，给运输过程和消费者带来方便（图1-39）。

3. 包装设计的心理功能

满足人的心理需要，同时也是一种展示功能。例如通过商店这种特殊环境，可以把产品的效果展示出来，这就要借助包装的美化功能，尽量展示产品的优点，令消费者认为产品是优秀的、值得信赖的，从而产生购买行为（图1-40）。

综上所述，产品包装设计是为人服务的，只有适应人的需求，包装才有存在的价值。在进行产品包装设计的过程中，设计者必须首先了解产品销售的目标受众具有什么样的特点，考虑什么样的包装才能够为他们带来方便和享受，设计出被受众认可并喜爱的产品包装。

二、人性化特征的包装设计要求

人性化的设计要注意提升人的价值，尊重人的自然需要和社会需要。在具体的设计过程中，主要考虑以下要素。

图1-38　刀具包装

图1-39　便于运输的方形包装

图1-40　精致的香水包装

1. 信息方面

需要具备易识别的标识，易懂的说明、图示，接触、抚摸即能准确判断商品包装设计，能通过声音识别和判断，巧妙处理包住和露出的问题。

2. 使用方面

包装在使用过程中应该易开启、易关闭，方便携带，易使用，用后易处理。站在使用者的角度，设身处地为他们考虑，充分利用人性化的观点，才能够设计出好的包装来。

三、包装设计要求与原则

包装设计的范围包括容器造型设计、结构设计、装潢设计三个方面。我国对包装设计的总原则是：科学、经济、牢固、美观、适销。这个总原则是围绕包装的基本功能提出来的，是对包装设计整体上的要求（图1-41）。

1. 包装装潢设计侧重于传达功能和促销功能，应符合以下四项基本要求：

（1）引人注目；

（2）易于辨认；

（3）具有好感；

（4）恰如其分。

（a）

（b）

图1-41　"零嘴"（胡家伟）

2. 包装装潢设计具有艺术和实用的两重性：

（1）艺术性与商业性；

（2）艺术性与科学性；

（3）艺术性与功能性；

（4）艺术性与时效性。

- 补充要点 -

无印良品的设计思想

无印良品诞生于1980年，在当时爆发了世界性的能源危机，日本也出现了经济衰退的现象。缺乏购买力的消费者都希望商品不仅有好的品质，价格还要优惠，在这种情况下，无印良品提出了"这样就好"

的口号。即不追求奢华的设计，选择从"无名牌"设计理念出发，通过合理选择素材，节约生产流程，减少不必要的外包装，目的是做生活中真正需要的产品。

"无印良品"以日常生活用品为主，其产品大多造型简洁明快，多采用直线、方形，外形简约，造型理性。通过简单的东西来唤起人们对于简约的认识，这样提醒消费者在日常生活中不要背负过多的东西，而应让自己身心放松，真正享受生活。

无印的设计理念是"空"，即在设计上凸显出世界虚无又包含一切的本质特征，简洁、简约乃至极致。所以无印的产品设计都是在做减法，尽可能地把一切多余的东西拿走。不是大刀阔斧地砍伐，而是小心思量地磨削，去除一切非本质的、不必要的装饰和加工，只剩下本质的功能和单纯的材料本身，供人使用和欣赏。

其作品表现了以人为本，环保理念，简约之风，其以人的生活立足，从生活的实际需求出发，产品无品牌标志，但是却本着其独有的简约之风，追求简单的设计风格，以及减少浪费的环保观念，体现出设计师较高的设计素养。

第五节　产品包装分类

包装可以从不同角度进行分类，如产品内容、产品性质、包装材料、包装技术、包装形状、包装风格等方面。

药类、文体类、工艺品类、化学品类、五金家电类、纺织品类、儿童玩具类、土特产类等（图1-42、图1-43、图1-44）。

一、按产品内容分类

包括日用品类、食品类、烟酒类、化妆品类、医

二、按产品性质分类

包括销售包装（图1-45）、储运包装（图

图1-42　酒类包装

图1-43　玩具包装

图1-44　化妆品包装

1-46）、特殊用品包装等。

销售包装又称商业包装，直接面向消费者，可分为内销包装、外销包装、礼品包装、经济包装等。

储运包装是以商品的储存或运输为目的的包装，

主要在厂家与分销商、卖场之间流通，便于产品搬运与计数。

特殊用品包装是指军需用品包装。

图1-45　销售包装

图1-46　储运包装

三、按包装形状分类

包括个包装、中包装、大包装（图1-47）。

个包装也称内包装或小包装，它是与产品亲密接触的包装，是产品走向市场的第一道保护层。个包装一般都是陈列在商场或超市的货架上，最终连产品一起卖给消费者。

中包装主要是为了增强对商品的保护，便于计数

而对商品进行组装或套装。

大包装也称外包装、运输包装。因为它的主要作用也是保证商品在运输中的安全，且又便于装卸与计数。大包装的设计比较简单，一般在设计时，要标明产品的型号、规格、尺寸、颜色、数量、出厂日期，再加上小心轻放、防潮、防火、堆压极限、有毒等视觉符号。

（a）　　　　　　　　　　　　　　　（b）

图1-47　小中大包装

四、按包装材料分类

不同的商品，考虑到它的运输过程与展示效果，所用材料也不尽相同，如纸包装、金属包装、玻璃包装、木包装、陶瓷包装、塑料包装、棉麻包装、布包装等（图1-48、图1-49）。

五、按包装技术分类

包括防水包装、缓冲包装、真空包装、压缩包装、通风包装等（图1-50、图1-51）。

图1-48　塑料包装

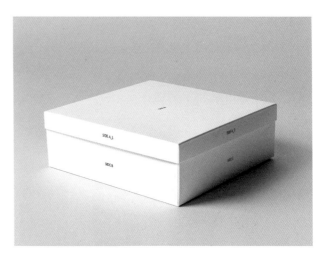

图1-49　纸盒包装

图1-50　压缩包装

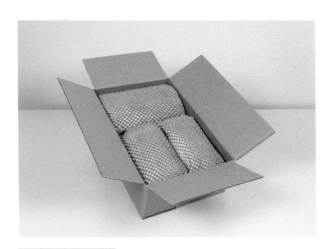

图1-51　缓冲包装

六、按包装风格分类

包括传统包装、怀旧包装、情调包装、卡通包装等（图1-52、图1-53）。

图1-52　卡通包装（李凤鸣）

图1-53　怀旧包装（黄定）

- 补充要点 -

吸塑包装

吸塑是用塑料进行加工，其产品生成原理是将平展的塑料硬片材料加热变软后，利用真空吸附于模具表面，再冷却成型，吸塑产品使用广泛，其主要用于电子、电器行业，食品行业，五金工具，化妆品行业，玩具行业，日用品行业，医药、保健品，汽车，文具、文体用品等类别的行业。吸塑包装是采用吸塑工艺生产出塑料制品，并用相应的设备对产品进行封装的总称。

封装形成的包装产品可分为：插卡、吸卡、双泡壳、半泡壳、对折泡壳、三折泡壳等。吸塑包装的主要优点是，节省原辅材料、重量轻、运输方便、密封性能好，符合环保绿色包装的要求；能包装任何异形产品，装箱无须另加缓冲材料；被包装产品透明可见，外形美观，便于销售，并适合机械化、自动化包装，便于现代化管理、节省人力、提高效率。

吸塑成型对材料的要求

1. 吸塑成型只能生产壁厚比较均匀的产品，（一般倒角处稍薄）不能制出壁厚相差悬殊的塑料制品。

2. 吸塑成型的壁厚一般在1～2毫米范围之内或更薄，小包装用吸塑包装的片材最常用的厚度为0.15～0.25毫米。

3. 吸塑成型制品的拉伸度受到一定的限制，吸塑成型的塑料容器直径深度比一般不超过1，极端情况下也不得超过1.5。

4. 吸塑成型的尺寸精度差，其相对误差一般在百分之一以上。

第六节　经典包装介绍

在包装设计的发展过程中，有许多令人难忘的包装设计，它们以长久的生命力、科学性、审美性成为包装设计发展史上的经典。

一、铝制易拉罐

1940年，欧美开始发售用不锈钢罐装的啤酒，同一时期铝罐的出现也成为制罐技术的飞跃。1963年，易拉罐在美国出现，它继承了以往罐形的造型设计特点，在顶部设计了易拉环。这是一次开启方式的革命，给人们带来了极大的方便，因而铝制易拉罐很快得到推广和普及。到了1980年，欧美市场基本上全都采用了这种铝罐作为啤酒和碳酸饮料的包装形式。随着设计和生产技术的进步，铝罐趋向轻量化，从最初的60克降到了15～21克。（图1-54、图1-55）

二、亨氏（HEINZ）食品包装

1860年，年仅16岁的恩里·海因兹就开始从事包装贩卖业，他把在美国宾夕法尼亚州自家院子里种植的芥末料装在玻璃瓶中销售。到了1886年时，以他自己名字命名的品牌HEINZ番茄酱就已经越过大西洋，开始在英国伦敦销售。1905年，他在伦敦设立HEINZ食品加工工厂并开始批量生产。

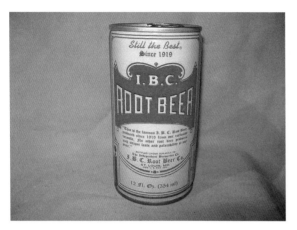

图1-54 不锈钢罐装的啤酒

图1-55 80年代后的铝制易拉罐

亨氏的包装形象具有很强的识别性，包装标签从1886年至今，一直保持着其包装最初的图形标记和基本版面设计，它和商品本身一起，成为HEINZ公司的形象，并成为世界知名的品牌，为世界各地的家庭所熟悉（图1-56、图1-57）。

图1-56 早期HEINZ食品包装

图1-57 现代HEINZ食品包装

三、TOBLERONE巧克力包装

TOBLERONE是一个世界知名的巧克力品牌，诞生于瑞士一个糕点制作世家，其独特的包装设计非常有名。作为一个成功的巧克力品牌，其所拥有的知识产权不仅是TOBLERONE商标，还包括了独特的三角形包装盒。这个形状的灵感来自于瑞士雪山山顶的形状（图1-58）。

TOBLERONE的包装设计从1908年开始直到现在，一直没有大的改变，只是随着新产品的增加，对底色略加调整以示区别。它的包装设计给消费者以强烈、持久的印象，使得新产品的广告宣传费用也大大降低，完全可以借助其品牌自身的魅力来赢得市场。根据英国的调查，94%的消费者仅凭三角形形状的包装，就可知道是TOB LERONE的产品（图1-59）。

图1-58 TOBLERONE巧克力包装

图1-59 货架上的TOBLERONE巧克力

四、喷雾压力罐

喷雾压力技术于1929年在挪威发明，1940年应用在包装技术上并在美国市场取得了成功。喷雾压力罐的原理是利用气压将内容物压出阀门，其优点在于设计人性化，使用非常便利，它可以将液体均匀地呈雾状喷洒出来，并很容易控制方向和压力大小（图1-60）。

二战以后，喷雾压力罐作为全新的包装形式得以广泛应用，如空气清新剂、哮喘用吸氧器、发胶、杀虫剂、喷漆、家具上光剂等。

喷雾压力罐的制作材料以金属为主，美国75%采用铁皮材料，欧洲则偏好铝材料，因为铝材伸展性好，容易加工成任意形状。现在，仅英国每年就有15亿只的产量，随着塑料材料和复合材料技术的成熟，喷雾压力罐也逐渐开始采用更经济的材料（图1-61）。

图1-60 早期的压力喷雾罐

图1-61 现代压力喷雾器

五、传世经典的可口可乐玻璃瓶

可口可乐的玻璃瓶以其优美的曲线形态为世界各地的人们所熟知。早期的可口可乐包装，由于不断被仿冒而备受困扰。1900年，公司决定重新设计包装造型，但一直没有做出令人满意的方案。在1913年公司的创意概念记录中这样写道："可口可乐的瓶型，必须做到即使是在黑暗中，仅凭手的触摸就可辨别；白天即使仅看到瓶的一个局部，也要让人马上知道这是可口可乐的瓶。"

图1-62 可口可乐瓶

本着这一设计理念，具有优美曲线的瓶型被设计出来了，这种192毫升容量的玻璃瓶直到今天仍在世界各地使用，它不但造型优美，也给消费者带来很强的心理暗示。可口可乐公司曾做过大规模调查，许多消费者都认为，正是由于这种玻璃瓶，才使人们觉得这种饮料具有极好的口感（图1-62）。

六、KIWI鞋油包装

KIWI鞋油的包装设计始于1906年，其标识以红白相间的线条和无翼鸟的形象而闻名世界，在130多个国家销售。在19世纪，穿着高档的富裕阶层随时都想让自己衣着笔挺、皮鞋一尘不染，于是诞生了便于携带的鞋擦式鞋油。进入20世纪，鞋擦式鞋油的制作方法不断改善，在包装的开启和使用方面更加便利。在第一次世界大战期间，KIWI鞋油取得了销售的成功，成为军官们随身携带的必需品。战后，退伍的军人们依然保持了使用KIWI鞋油的习惯，于是，这种产品逐渐成为平民百姓的用品，一直流传至今（图1-63、图1-64）。

图1-63 传统KIWI鞋油包装　　　图1-64 KIWI新式包装

KIWI鞋油包装的设计成功，一是使用和携带上的方便性，二是设计上的色彩组合和无翼鸟标识长期建立起来的品牌信誉。

七、三角锥形纸盒

三角锥形纸盒源于瑞典在1952年9月生产的奶酪包装，后来被用做牛奶的包装并被很快普及。研究人员发现，在合成材料中加入聚乙稀薄膜的纸板有很强的密封性，可实现无菌化，能够延长经过灭菌处理的液体的保存期。在形态设计上，这种包装采用了最大程度节省包装原料的设计理念，造型简洁而且独特，用其四个面中的任意一个面放置，包装都会处在一个最稳定和最佳的受力状态，成为包装设计史上成功的设计之一（图1-65）。

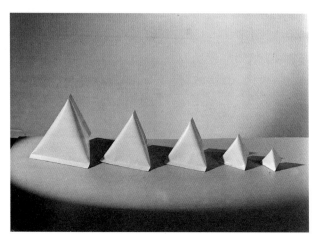

图1-65　三角锥形纸盒

课后练习

1. 我国包装设计的总原则是什么？
2. 按产品性质划分，有哪几种产品包装？
3. 总结出中外包装设计发展的异同。
4. 包装设计的发展受哪些因素的影响？
5. 选择1~2个你记忆最深刻产品包装，并说明原因。
6. 人性化的包装设计能给产品本身带来什么？试举例说明。

第二章
包装设计流程

学习难度：★★☆☆☆
重点概念：产品定位、设计定位、
　　　　　设计构思、表现形式

◁ 章节导读

　　一个完整的产品包装是怎样产生的？一个玻璃瓶，一个纸袋，一个金属罐，看似简单，但是正如海面上的冰山一样，那些看不见的部分往往最让人赞叹。一个包装的产生，从看似与包装无关的产品定位和市场调研开始，到最后我们在市场上看到的包装，走过的是一段曲折而又秩序井然的过程，包装设计不只是要考虑视觉效果的表现，更是一项要注重科学性、实用性、商业性以及团队合作的活动，而这一章我们将对此作详细的了解，这将有助于我们以后实际设计工作的展开与团队合作能力的提高（图2-1）。

图2-1　包装设计

第一节　产品定位分析与市场调研

　　一个完整的包装设计流程包括：设计准备阶段、设计展开阶段和设计制作阶段。设计准备阶段是指对要包装的商品特点、品牌形象、消费者的心理需求和文化特质等方面进行定位，完成设计构思。设计展开阶段是指采用科学的方法，运用各种技术手段，通过具体的设计形式来表现商品内容，并传达出包装的文化品位。设计制作阶段是指采用某些材料，以合理的制作工艺完成设计。

一、产品定位分析

1. 了解产品本身的特性

如产品的重量、体积、强度、避光性、防潮性以及使用方法等，不同的产品有不同的特点，这些特点

图2-2　能防潮的薯　　　图2-3　儿童用品
片包装　　　　　　　　　　　　　　　　　　　　　图2-4　货架上的商品

决定着其包装的材料和方法应符合产品特性的要求
（图2-2）。

　　2. 了解产品的使用对象

　　由于顾客的性别、年龄以及文化层次、经济状况
的不同，形成了他们对商品的认购差异，因此，产品
必须具有针对性。而掌握了该产品的使用对象，才有
可能进行定位准确的包装设计（图2-3）。

　　3. 了解产品的销售方式

　　产品只有通过销售才能成为真正意义上的商品，
产品经销的方式有许多种，最常见的是超市货架销售，
此外还有不进入商场的邮购销售以及直销等，这也意
味着所采取的包装形式应该有所区别（图2-4）。

　　4. 了解产品的相关经费

　　包括产品的售价、产品的包装及广告预算等。对
经费的了解直接影响着预算下的包装设计，而每一个
委托商都希望以少的投入获取多的利润，这无疑是对
设计师巨大的挑战。

　　5. 了解产品包装的背景

　　一是委托人对包装设计的要求；二是该企业有无
CI计划，要掌握企业识别的有关规定；三是明确该产
品是新产品还是换代产品，所属公司旗下的同类产品
的包装形式等，以便制定正确的包装设计策略。

二、进行市场调研

　　市场调研是设计过程中的一个重要环节，它能使
设计师掌握许多与包装设计相关的信息和资料，更有
利于制订合理的设计方案。它包括以下几点。

　　1. 产品市场需求的了解

　　从市场营销的理念来说，顾客的需求和欲望是企
业营销活动的中心和出发点。设计者应该依据市场的
需求发掘出商品的目标消费群，从而拟定商品定位与
包装风格，并预测出商品潜在消费群的规模以及商品
货架的寿命。

　　2. 包装市场现状的了解

　　根据目前现有的包装市场状况进行调查分析，它
包括听取商品代理人、分销商以及消费者的意见，归
纳总结出最受欢迎的包装样式，了解商品包装设计的
流行性现况与发展趋势，并以此作为设计师评估的
准则。

　　3. 同类产品包装的了解

　　及时掌握同类竞争产品的商业信息，对于设计师
来说是调研中必不可少的重要环节。从设计的角度，
即包装材料、包装造型、包装结构、包装色彩、包装
图形以及包装文字等，去分析竞争产品的货架效果，
了解它们的销售业绩，会给即将展开的设计带来极大
的益处。

　　市场调研的方式是多种多样的，如直接调研、间
接调研。无论哪一种调研方式都应根据不同产品的特
点来收集资料。若产品有明显的地域消费差异性，就
需在不同地域展开调查。调研时要有效利用人力和物
力资源，避免重复和浪费。

第二节　设计定位和构思

一、设计的定位

设计定位本意上指确定设计元素的准确位置，现在，我们需要从多个角度去理解定位的含义。

1. 从文化的角度看

包装设计不仅是设计一种产品，更是设计一种生活方式、一种文化。产品的文化定位来源于使用者的文化心理、产品的文化风格以及他们之间所体现出来的文化精神。因此，进行包装设计时，不仅要考虑产品自身的使用、审美和销售功能，还要赋予产品一定的文化魅力（图2-5）。

2. 从产品的角度看

在激烈的市场竞争环境下，产品定位能够使消费者清楚地了解产品的特点、应用范围和使用方法。可以从以下几个方面来定位产品。

（1）厂家的性质。厂家的生产方法和设备、技术、生产规模等因素。

（2）产品的差异性。指不同厂家的产品在造型、色彩、功能、价格和质量等内在和外在的特点（图2-6）。

（3）该企业在同行中的地位和竞争对手的情况（图2-7）。

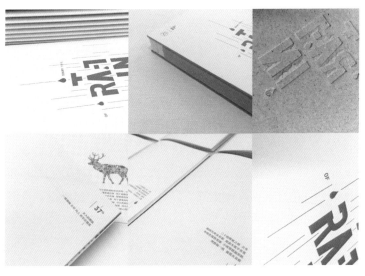

（a）

（b）

图2-5　文艺的笔记本包装

图2-6　不同价格、档次的咖啡产品

图2-7　三星和其众多竞争对手

图2-8　商品专柜

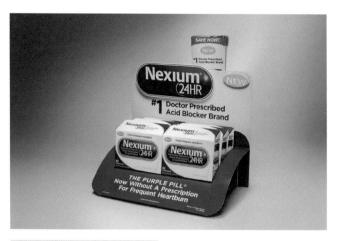

图2-9　抓人眼球的包装颜色

3. 从商品的角度看

产品的商品化进程中，设计活动只能围绕市场而定位。因此从商品的角度看，设计定位应该以市场为基础展开分析，以使设计目标清晰化，从而确定商品的定位。

（1）从价格、商标、品牌等商品属性考虑。

（2）商品的陈列方式。指是在特定的销售点，是按厂家分开陈列还是按类别陈列（图2-8）。

（3）销售场所和方式。超市货架、橱窗等。

（4）商品的包装策略。如基本功能与货架效应等方面（图2-9）。

（5）商品的销售渠道。通常情况下，商品要经过厂家、代理商、批发商、零售商，最后才能到达消费者手中。

4. 从消费的角度看

包装设计需要定位消费者消费行为和特征，可以从以下几个方面来确定包装定位。

（1）消费对象。包括消费者的性别、年龄、身份、职业和文化程度等。

（2）消费方式。

（3）消费者的经济状况。

（4）消费地域。包括宗教信仰、社会习俗、节日、地理和气候等。

（5）消费行为。消费者的购买心理、个性特点和喜好、生活方式等。

需要注意的是，以上设计定位的几个方面不能孤立地去考虑和运用，在具体的设计实践中应相互配合，这样才能有效地完成商品包装的设计定位。

二、设计的构思

构思是设计的灵魂。在设计创作中很难制定固定的构思方法和构思程序之类的公式。创作多是由不成熟到成熟的，在这一过程中肯定一些或否定一些，修改一些或补充一些，是正常的现象。构思的核心在于考虑表现什么和如何表现两个问题。包装设计的内容构思可以从以下几个方面去考虑。

1. 直接表现法

直接表现是指表现重点是内容物本身，包括表现其外观形态或用途、用法等。因为比较容易让人接受，应用广泛，摄影的表现方法经常被用到，具体有以下几种形式。

（1）包装突出商品的自身形象。画面的主体为真实的或抽象的商品形象，其在食品行业应用广泛。这种方法比较直观、醒目，商品形象真实、生动，便于消费者选购（图2-10）。

（2）采用透明的包装。就是用透明的包装材料（或与不透明包装材料相结合）对商品进行包装，便于向消费者直接展示商品，其效果及作用与开窗式包装类似（图2-11）。

（3）包装盒开窗的包装。这种方式能够直接向消费者展示商品的形象、色彩、品种、数量以及质地，使消费者对商品更放心、更信任。开窗的形式及部位可以各式各样，不拘一格（图2-12）。

图2-10　方便面包装

图2-11　透明包装的花卉

图2-12　包装盒开窗的包装

2. 间接表现法

间接表现是比较内在的表现手法。即画面上不出现表现的对象本身，而借助于其他有关事物来表现该对象。这种手法具有更加宽广的表现，在构思上往往用于表现内容物的某种属性或牌号、意念等。具体有以下几种形式。

（1）突出品牌形象。有些商品包装简洁，画面上采用醒目的标志或文字，十分注重品牌宣传。这种方法形式感强，给人以严肃、高贵的感觉（图2-13）。

（2）突出产品使用者的形象。以产品的使用对象作为画面的主体形象。如女士用品中漂亮的女性，儿童用品中可爱的儿童，男士用品中帅气的男性等，这种表现手法，针对性强，便于消费者选购（图2-14）。

（3）突出产品的自身特点。这种方法主要用一些抽象图形表现产品的某种特性。如在洗涤用品包装中，经常出现波浪、旋涡、泡沫等，使消费者产生联想，增强产品的美感（图2-15）。

（4）突出产品的生产原料。以产品原料作为画面的主体形象，比如罐头、葡萄酒等。这种做法直接、易记，同时形象地说明了产品原料的优良性，使消费者在心理上产生信任感（图2-16）。

（5）突出商品的特有色彩。这是经常用到的形象色表现方法。如橘子、咖啡、玫瑰等，用其特有的色彩来表现（图2-17）。

（6）突出产品的产地。以产品的产地作为卖点，给消费者一种"名门闺秀"之感，从而达到使消费者信任的目的（图2-18）。

3. 意象表现法

意象表现法是指透过精神反映物质，是一种比较含蓄的表现方法。

（1）抽象文字与图案组合构成画面。用抽象的文字和图案营造出产品的意境。图案与产品虽没有直接的联系，但它表达的意思却符合产品的品质。此种表达方式形式感强，且比较含蓄，令人回味。

（2）用抽象图案来装饰。常采用一些近似、重复、渐变、变异等的构成方法，演变出丰富多彩的图案。

图2-13　突出品牌的包装

图2-14　突出使用者形象的包装

图2-15　洗发水包装

图2-16　牛肉罐头

图2-17　咖啡的包装

图2-18　高档葡萄酒

— 补充要点 —

创意的构思方法

　　1. 头脑风暴法。此法强调集体思考，着重互相激发思考，鼓励参加者于指定时间内，构想出大量的意念，并从中引发新颖的构思。该法的基本原理是：只专心提出构想而不加以评价；不局限思考的空间，鼓励想出越多主意越好。

　　2. 形态分析法。形态分析法是把设计的客体当作一个系统，一个具有多种形态因素分布和组合的系统，设计创意就是将诸种形态因素加以排列组合的过程。形态分析法就是首先找出各形态因素，然后用网络图解方法进行各种排列组合，再从中选择最佳方案。

　　3. 模仿创造法。模仿创造法是人类创造性思维常用的方法。当人们欲求构建未知事物的原理、结构和功能而不知从何入手时，最便捷易行的方法就是对已知的类似事物的模仿而进行再创造。几乎所有创意者的行为最初总是从模仿创造法入手的。

　　4. 检核目录法。比较正统的名称是"强制关联法"，意指在考虑解决某一个问题时，一边翻阅资料性的目录，一边强迫性地把在眼前出现的信息和正在思考的主题联系起来，从中得到构想。

第三节　表现与形式

　　内容依靠形式去传达，形式是内容的体现，内容与形式相互依存，辩证统一。在包装设计创作中，除了要定位准确、立意新颖、构思巧妙、构图严谨外，最重要的是给予商品一个可以依托的独特表现形式，要根据不同的商品、不同的立意构思、不同的印刷工艺等，适当地选择包装设计的表现形式，以达到更好的包装效果。

一、具象表现手法

　　包括摄影、绘画描摹、漫画卡通、装饰概括等表现形式。其中，摄影和绘画等方法给人以真实的感觉，具有很好的表现效果，在包装设计中被广泛使用。

　　1. 摄影

　　摄影的发明与发展，给人类带来了丰富的视觉体验。特别是彩色照片，能更真实地反映商品的形象、色彩和质感，因此在设计上得到广泛的应用，尤其在食品、纺织和轻工业等行业中（图2-19）。

2. 绘画

因为能更好地发挥设计者的能动性，进行艺术的取舍与组合，因此绘画始终是一个很主要的表现形式。随着时代的发展，现在我们除了可以运用水彩、丙烯等颜料达到艺术的表现效果，还可以利用各种绘画软件模拟水彩、水粉、油画、粉画、国画等艺术效果，从而能让绘画更高效地批量化地运用到产品包装之中。但是，商品包装上的绘画同纯粹的绘画作品有所不同，它是在体现商业感的同时，达到一种亲切、自然的艺术享受（图2-20）。

3. 卡通漫画

卡通漫画采用一种拟人的手法，给人以活泼诙谐的视觉感受。其表现手法灵活、自然，比较适合表现儿童产品、食品、电子产品等（图2-21）。

4. 装饰概括

装饰概括是基于实物形象的基础上进行一种精练和概括，装饰概括多采用传统纹样的图案或者现代的图形进行表现（图2-22）。

图2-19　茶叶包装

图2-20　运用了绘画的包装

图2-21　运用了卡通的包装

图2-22　运用了图案装饰的包装

二、抽象表现手法

这种不直接反映商品或其相关具体形象的抽象表现，主要运用点、线、面、体等构成的基本元素传达信息，给人以概括简练、现代的时尚感觉（图2-23）。

图2-23　抽象表现手法

（a）　　　　　　　　　　　　　（b）

图2-24　夸张表现手法

图2-25　造型独特的酒瓶　　图2-26　色彩缤纷的糖果包装

三、夸张概括的表现手法

如我国民间剪纸、泥玩具、皮影和国外卡通艺术等，这种表现手法强调以变化求突出，对采用的图像有所取舍和强调，使主体形象符合人们的审美，富有浪漫情趣（图2-24）。

四、设计原则

包装设计的功能不仅仅是保护商品不受损坏，同时还具有积极的促销作用。随着近年来市场竞争的白热化，各个品牌都在想尽办法突出包装的促销作用。

1. 视觉醒目的原则

在很多情况下，消费者总是到拥有众多商品的商店、超级市场里去购买商品，有时是即兴购买，商品是在无人引导销售的情况下"自我销售"。所以，包装设计必须在短时间内迅速吸引住消费者选购商品的视线，这样才能致使消费者进行进一步的判断和购买，这是能否促使商品销售的重要因素之一。

（1）运用造型突出展示。造型的奇特、新颖的包装最能引起消费者的关注。关键在于与同类商品的包装形成区别，例如酒的包装瓶一般都以圆柱体为主，如果将其设计为不规则的造型，就会立刻在货架上凸显出来（图2-25）。

（2）运用色彩影响受众心理。人类对色彩的感受非常敏感，消费者在扫视商品的短暂时间内，往往会因为色彩的影响而作目光的停留。据调查发现，用某些色彩作为产品的包装，会使产品的销量变差，灰色便是其中之一，这是由于灰色缺乏生命的活力，难以使人心动，自然不易产生消费的冲动（图2-26）。

学者们总结发现，红、蓝、白、黑是四大销售用色，这是在制作红、蓝、白、黑、绿、橙、黄、茶色的形象并进行比较时发现的。这四种色彩是支配人类每天生活节奏的重要色彩，因而在作为销售用色时能够引发消费者的好感与兴趣。这种分析有一定的合理性。

（3）突出的商标和品名。通常情况下，包装上的各种图案都是以衬托品牌商标为最终目的，充分显示品牌商标的特征，使消费者从商标和整体包装的图案上迅速识别出产品所属的品牌和企业。特别是名牌产品与名牌商店，包装上醒目的商标可以立即起到招徕消费者的作用，不少注重品牌的消费者会以名牌的商标作为购买的理由（图2-27）。

（4）独特的材质引人关注。包装的材质变化同样引起人们的注意。例如红酒的外包装通常以纸盒或铁盒为主，某些品牌则以原木作为盒子的材料，在货架上形成突出展示，更易引起消费者的注意。同时，木质的材料还令人联想到酿酒的橡木桶，更是强调了原汁原味的感觉，令产品的品质感得到提升（图2-28）。

需要注意的是，不管以何种方式构成包装的醒目效果，都必须与产品的属性、特点和定位相匹配，才能达到积极的宣传效果。

2. 信息明确原则

人们购买的目的并不是包装，而是包装内的产品。因此成功的包装设计不仅要通过造型、色彩、图案、材质的使用引起消费者对产品的注意与兴趣，还要使消费者能够通过包装精确了解产品信息。

准确传达产品信息的最有效的方法就是真实地传达产品形象，例如可以采用全透明包装（图2-29），或者在包装容器上开窗展示产品，可以在包装上放置产品的照片或图形，也可以在包装上作简洁的文字说明等。准确地传达产品信息也要求包装的档次与产品的档次相适应，掩盖或夸大产品的质量、功能等信息都是失败的包装（图2-30）。准确地传达产品信息还要求包装所用的造型、色彩、图案等元素不违背人们的习惯，避免理解错误。

3. 情感表达原则

人的喜好对消费行为起着极为重要的作用。好感来源于两个方面，首先是实用方面，即产品包装能否满足消费者的各方面需求，提供方便。这涉及包装的大小、繁简、美观程度等方面。例如同一款香水，往往会有不同的容量包装供消费者选择（图2-31）；同样的产品，如果是赠送他人的，消费者通常会选择包装较为精美的（图2-32），如果是自己使用则会选择普通包装、价格更便宜的。当产品的包装满足需求时，自然会引起消费者的好感。

好感还直接来自包装的造型、色彩、图案和材质的感觉，这是一种综合性的心理效应，与个人以及个人所处的环境有密切关系。以色彩来说，几乎每个人都有自己喜欢和反感的色彩，不能强求一致。但也有共同点可循，例如大部分女性都喜爱红色、粉红色，这些色彩因而被称为女性色，在女性用品的包装中大量使用，极易引起女性的喜爱。而男性偏好庄重严肃的黑色、蓝色等，在男性用品的包装上使用这些色彩搭配更易得到男士的青睐。

综上所述，产品包装的造型、用色、图案等要使用能引起人喜爱的种类。可以借助各种市场调查和心理测试来进行选择。

图2-27　突出商标的包装

图2-28　木制的包装盒

图2-29 透明包装的酒瓶

图2-30 高档化妆品的包装

图2-31 不同容量的香水

图2-32 精美的包装产品

- 补充要点 -

原研哉的设计思想

原研哉（Kenya Hara），1958年6月11日出生于日本，日本中生代国际级平面设计大师、日本设计中心的代表、武藏野美术大学教授，无印良品（MUJI）艺术总监。

原研哉在2001年开始一系列无印良品海报设计，并接手担任无印良品的艺术指导，帮助其创作视觉形象并且提出了无印良品的设计理念"无亦所有"。原研哉不但为无印良品设计了全新的品牌形象，更是参与了对产品包装风格的重新塑造，由于这一系列设计的巨大成功，使得无印良品受到了广大消费者的青睐，为此原研哉获得了东京艺术指导俱乐部全场大奖。2004年他策划了触觉体验（HAPTIC）展览。2012年原研哉为茑屋书店东京代官山分店设计品牌形象，包括标志设计、书籍装帧设计、室内设计等，为茑屋书店创造了新的市场。原研哉还策划了2016年"理想家2 东京展"（House Vision 2 Tokyo Exhibition），以"分化与归并，远离和聚集"为主题的大型展示会。

"设计是一种教养"，日本当代设计界代表性人物原研哉，说出在他心中设计的定位，他认为设计师不该是社会中特殊的行业，设计更不该让人难以亲近，设计品也不仅是礼品。设计应该是一种教养，就像是公德心、礼貌般，是能随时挂在嘴边，能环绕在日常生活之中，能无声无息影响人们的生活的。

　　他说，以低调、无声无息的姿态进行"看不见的设计"，看似没有设计却有机能性，尽可能不做夸张或是太独特的造型，以最低程度的加工来做设计。当他年轻时，也曾为了找到自己在设计界的定位，高调地对外展露自己的设计能力，随着经验累积，懂得慢慢收敛自己的设计手法，用最简单的方式呈现最深层的哲学。

第四节　创作流程与设计规范

一、创作流程

1. 草图

草图是包装设计的最初形态，记录了设计者设计构思发展的过程。一般情况下，设计者会从草图中选择最优秀的方案作为设计依据（图2-33）。

2. 色稿

通过使用马克笔、彩色笔铅或水彩、水粉等颜料等工具，将草图的构思具象化。在此阶段，设计者对包装所采用的表现方式、印刷工艺、使用材料等均有了明确的想法（图2-34）。

3. 制图

与客户沟通并修改设计方案后，根据色稿在计算机中进行详细的制作，包括各设计元素的具体位置和色彩以及相应的精确数值。同时还可以根据委托客户的需求制作成品的模拟效果，这样有助于更清楚地发现设计、制作中存在的问题（图2-35）。

4. 打样

彩色图片经过分色过网或电子分色后，通常会先试印一次，以检验分色过网的色彩是否偏色，同时也可以作为正式印刷时的范本，打样是印刷品的检验，与原稿校对后可开始印刷。

5. 印刷

将设计制作的电子文件交给印刷输出公司印制，一般情况下，由于印刷技工的技术水平良莠不齐等因素，在实际印刷过程中会出现一些问题，因此，为了对印刷品的色彩给予及时调整，最终达到满意的效果，设计师需要亲自跟单。

6. 成品

最后，完成制作流程，做出成品（图2-36）。

图2-33　创意元素

图2-34　色稿

二、包装设计的规范

包装设计不是诸如绘画、雕塑等艺术创作，其根本目的在于保护商品和销售商品，不能一味地追求艺术性。因而，在包装设计中，科学、环保、合理地包装应该是未来的发展方向。而一些和包装有关的法律法规，正是为了确保包装能够不偏离本质。

近年来包装中出现的问题，主要为欺骗性过度包装和奢华性过度包装两大类。欺骗性过度包装是指以庞大的包装夸大真实内容物容量（图2-37）；奢华性过度包装是指包装成本远远超过产品成本或搭售价值远远高于产品价值而又并非出于技术上或使用需要上的副产品（图2-38）。其中，欺骗性过度包装可视为商业欺诈，严重损害了消费者的合法权益，也对同类产品厂家构成了不正当竞争，污染了市场环境。所以，世界各国的包装相关法律法规都对欺骗性过度包装进行了明令禁止。奢华性过度包装虽有一定的社会基础和市场需求，但也应控制在满足一小部分消费者之内。另外，随着逐步建立可持续发展经济模式以及环保循环型社会的呼声日益强烈，包装的环保性问题

图2-35　模拟效果

图2-36　成品

也被各国高度重视，并在包装立法中有所体现。

下面对国内和国际上的一些法规进行详细介绍。

1. 中国包装法规

中国于2003年10月20日发布新《箱板纸国家标准》，对箱板纸的产品分类、技术要求、试验方法、检验规则和标准、包装、运输、存储等方面进行了规定。2005年4月发布的《固体废物污染环境防治方法》明确规定：国务院标准化行政主管部门，应当根据国家经济和技术条件、固体废物污染环境防治状况以及产品的技术要求，组织指定有关标准，防止过度包装造成环境污染，同时《包装法》也对豪华包装进行严格规范。2010年4月1日，国家首个强制性包装标准《限制商品过度包装要求——食品和化妆品》正式实施，对食品和化妆品的包装作出了严格的要求。

2. 欧美包装法规

美国与加拿大将过度包装定义为欺骗性包装，规定：包装内有过多的空位，包装与内容物的高度、体积差异太大，无故夸大包装，非技术上所需要者，均属于欺骗性包装。德国将欺骗性包装定义为：以膨大的包装夸大真实的内装物容量的行为属于欺骗行为，将予以处理。如把吹塑容器的把手和嘴连成一体，使人产生容器体积较大、容量较多的错觉；把纸盒包装里折叠的单瓦楞纸板衬垫安排得极其松弛，将纸盒体积扩大，使人产生错觉等，均属欺骗性包装。

3. 日本包装法规

因为日本资源稀缺，因此对资源的利用十分重视。日本制定的《包装新指引》规定，要求商品包装应尽量缩小包装容器的体积，容器内的空位不应超过20％，包装成本不应超过产品售价的15％，包装应正确显示产品的价值，以免对消费者产生误导。另外，日本的包装也非常重视环保，分别于1991年、1992年发布并强行推行《回收条例》和《废物清除条件修正案》。

4. 韩国包装法规

韩国政府采用三大措施来规范厂商的包装比率与层数限制：一是检查包装，二是奖励标示，三是对违反包装标准的罚款处理，最高会被罚款300万韩元。对被怀疑有过度包装之嫌的商品，政府可要求制造商

图2-37 欺骗性过度包装

图2-38 奢华性过度包装

- 补充要点 -

包装工艺科普知识

1. 覆膜工艺。覆膜工艺是在包装印刷之后的一种表面加工工艺。它是指用覆膜机在包装的表面覆盖上一层透明塑料薄膜而形成的一种包装加工技术。

2. 烫金烫银工艺。烫金工艺是将需要烫金或者烫银的图案制成凸型版加热，然后在被印刷物上放置所需颜色的铝箔纸，经过加压后使铝箔附着于被印刷物上。

3. UV防金属蚀刻印刷工艺。此工艺也称作磨砂或砂面印刷，是在如金、银卡纸等具有金属镜面光泽的承印物上印上一层凹凸不平的半透明油墨后，经过UV（紫外光）固化，产生类似光亮的金属表面经过蚀刻或磨砂的效果。UV防金属蚀刻油墨可以产生亚光及绒面的效果，它可以使包装印刷品显得柔和、华贵和高雅庄重。

4. 凹凸压印工艺。此工艺是利用凸版印刷机较大的压力，把包装印刷的半成品上的局部文字或者图案轧压成凹凸效果且具有立体感的图文。此项工艺较多使用于印刷品和纸容器的后加工上，除了用于包装纸盒上，还应用于商标标签及日历、贺卡、书刊装帧等产品的印刷中。

或进口商到专门检查部门接受检查。制造商或进口商接到通知后，必须在20天内前往检查部门接受检查，并将检查结果记录在物品包装的表面，标示出包装空间的比率、包装材质、包装层数等。另外，包装废弃后，包装废弃物的分类回收与再生处理方面也有较为先进的经验。

第五节 包装设计课的教与学

随着我国经济的飞速发展，包装已经成为我们日常生活中不可或缺的一部分。包装设计是一门综合性极强的课程，更是一门将设计从平面领域转向立体领域的课程。在教学中，通过结合典型实例来讲述的包装理论与技术，及大量实例练习，使学生在了解诸如包装造型、容器造型、装潢设计以及印刷工序、印刷成本核算等相关知识的同时把握当前包装装潢及相关行业发展的最新方向。同时，使学生对包装流程中的市场调研、包装材料、包装技术、印刷流程以及运输、销售和计算机制作过程有系统了解。使学生的作业创作和市场相结合,创作出实用、富有个性、具有审美价值的包装设计作品。

一、包装设计的教授方法

包装设计的授课方式以理论讲述、实例讲评为主,并结合大量的讨论和实际操作。为了培养学生的动手能力、图形语言组织能力和团队精神等职业素养等,在后期的实践部分应尽量采取分组合作的形式完成。作为包装设计课程的教师,则需要更深入地挖掘学生的设计潜能,使学生对包装设计产生更为深刻的认知和把握。针对包装设计的教学,除了传统的知识技能传授,还需要对以下要点加以重视(图2-39、图2-40)。

1. 课程结构

现代包装设计课程应当注重调查和信息的搜集,重视并加强对相关学科知识的不断学习,同时在遵循一定的有效的操作程序和科学的学习方法下,对品牌学、市场营销、产品定位、品牌战略、消费心理等相关知识有所研究,以提高学生多角度思考分析问题的能力(图2-41)。

2. 实用性原则

在进行包装设计的过程中,学生经常会片面追求造型和视觉效果上的新奇,而忽视了包装的稳定性、保护性、使用的便利性,甚至出现其设计构思无法通过现有工艺呈现出来的情况。所以,在包装设计的教学上,教师应该引导学生从实际出发,强调包装设计的实用性。例如可以在教学中与一些生产厂家在某个项目上进行合作,针对具体的设计任务开展具体的专业训练和实践学习。通过实用性教学的形式,锻炼学生的创造力和综合分析问题的能力,使教学与实践紧密结合。同时更能激发学生的创作热情,促使学生更注重产品和市场的实际要求,避免表面化的处理。

3. 创造性思维的培养

在增强学生创造性的过程中,根据市场环境的改变培养学生的创新能力和复合能力,是一个关键环节。在实际教学中增加一些探索性、实验性的课题,可以让学生大胆探索与实验,变被动学习为主动学

习,变模仿性设计为创造性设计,从而提高学生创造性地思考与设计能力。

二、包装设计的学习方法

包装设计的学习在于让学生了解包装设计构成的科学流程,掌握各种构成元素的设计方法与各种材质、印刷工艺的应用技巧,并能运用不同包装造型的设计表现,以及加强对系列化包装设计的把握等(图2-42、图2-43)。

学习包装设计要注重以下几个方面。

图2-39 包装印刷

图2-40 包装设计

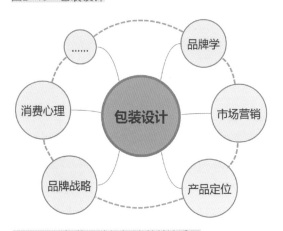

图2-41 包装设计与相关学科关系图

图2-42 采用烫金和烫银工艺的挂牌

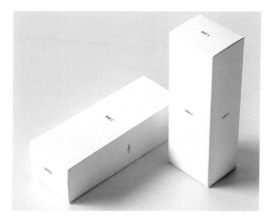
图2-43 柱形包装盒

1. 设计的表现角度和形式

不同的人对事物有不同的认识角度，在包装设计上则集中表现为某一个角度将有益于表现的鲜明性，确定表现形式后再进行深化，将大大提升包装设计的效率。表现形式是设计的具体语言，是设计内涵的视觉呈现。为了找到最适合的呈现角度和形式，需要学生在选择具体的表现形式之前，对设计主体和主题进行详尽细致的综合分析。

2. 包装造型与结构

容器造型与结构设计最大限度地影响着包装的成败。在学习包装设计时，切记不要只将设计重点放在视觉效果的呈现上，必须对包装的结构进行深入学习，设计出兼具美观与实用功能的包装。

3. 广阔全面的市场调研

包装设计的学习不仅要掌握课堂和书本上传授的知识和技能，还必须对当前包装市场的现状有所了解。可以通过网络收集大量包装设计的优秀案例，了解设计技巧等相关知识，了解当今包装设计行业的变化与发展。除此之外，最好能够进入到各大商场、超市进行实地考察，通过近距离的实际接触，了解包装设计的造型、色彩、材质等相关要素，以对包装设计形成更清晰更准确的概念。

4. 互动交流与团队合作

在分组设计的过程中，各小组成员可以先分别构思绘制包装设计草图，然后集结创意开展讨论，通过不同的角度和审美标准来评判每个人的设计方案，总结其优缺点，并选出最优秀的一个方案进行深入制作。

5. 创新思维

在初期的学习过程中，往往以模仿借鉴为主，学习他人的成功经验，但绝不可产生依赖，必须培养自主设计构思的能力。除了熟悉产品、了解市场，还要不断提高自身的文化艺术修养，最大限度地发挥自己的设计创作潜力（图2-44）。

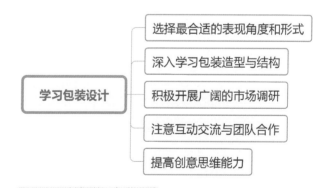
图2-44 如何学习包装设计

课后练习

1. 产品定位分析包括哪几个方面？
2. 设计定位可从哪几个方面去理解？
3. 比较直接表现法和间接表现法的异同。
4. 选择某个产品，在定位构思和表现形式方面进行全面的分析与介绍。
5. 成立小组，对某个产品包装进行一次小规模的市场调查。

第三章
包装设计的构成元素

学习难度：★ ★ ★ ☆ ☆
重点概念：构图原则、包装色彩、包装文字、设计禁忌

◢ 章节导读

　　包装具有保护商品的和促销商品两大功能，那么怎么实现这两大功能呢？这个问题我们还可以这么问，那么怎么进行包装设计呢？我们不妨再继续问，那么包装设计的构成元素有哪些呢？好了，这个问题将是本章我们讨论学习的重点，通过本章的学习，我们进一步靠近包装设计的奥秘，并且能自主分析一个优秀的包装设计的构成，进而掌握了进行包装设计学习的第一把钥匙（图3-1）。

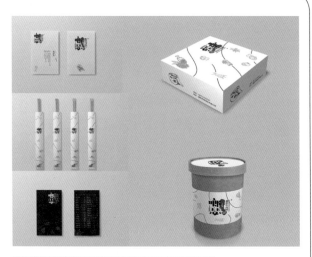

图3-1　包装设计的构成要素（魏汝赢）

第一节　构图

　　一件优秀的包装作品，是商标、文字、图形、色彩、造型、材料、工艺等包装构成要素的有机组合与科学搭配，只有这样才能展现出完美的整体效果，这就是构图在包装设计中的体现。

　　包装设计视觉特征是由各个构成要素及其相互关系的特点决定的，没有合理的科学的构图，即便图形、文字、色彩、造型、材料中的某个要素设计得再完美，也不能产生良好的整体包装形象；而即使拥有相同的图形、文字、色彩、造型、材料等元素，只是构图不同，也可能产生完全不同的风格特点。因此，在设计商标、图形、色彩、造型时，都应围绕商品的特点、企业的文化，综合而全面地考虑各构成要素，从而塑造商品包装的整体形象。同时，各构成要素的表述应该清晰、明确，不能模棱两可、似是而非。组合时应该主题突出、主次分明，同时又要层次明晰、条理清楚、均衡对比、调和统一等（图3-2）。

043
第三章
包装设计的构成元素

（a）　　　　　　　　　　　　　　　　　　　（b）

图3-2　包装设计（赵彤）

一、构图的原则

将包装的视觉要素合理而巧妙地编排组合，使之呈现出新颖、理想的效果，就必须遵循一定的构成原则。

1. 整体性

包装的色彩、图形、商标和文字，这些复杂的视觉要素均要在包装这一小小的舞台上展示，并要在庞大的同类商品中瞬间传达出自我特性，无疑，设计师需要把握整体性的构成原则。要确定好一种构成基调，所有视觉要素的构成都向这一基调看齐，使包装呈现出一目了然的整体感（图3-3）。

图3-3　具有整体性的包装

2. 协调性

在包装视觉要素的整体安排中，应紧扣主题，突出主要部分，次要部分则应充分起到陪衬作用，这样各局部间的关系就得以协调统一。包装的视觉要素间的关系相当复杂，就单一的文字元素就有牌号、品名、厂址、规格、用法、用量等，它们之间在构成时就要协调处理。而包装上除了文字，还有其他的色彩、图形等，这意味着各元素间的关系同样需要相互协调。最容易理解和运用的协调法，就是在所有构成形态中，找出和显示它们的"共性"，缩小和减弱它们的差异，如常言所说的"求大同而存小异"，使包装的视觉效果富有条理性、秩序性，而且有统一和谐的美感（图3-4）。

3. 生动性

过分地循规蹈矩只会产生平平淡淡、毫无生气的感觉。因此，在构成时往往需要增加一些变化，打破过于单调的局面，使构成关系生动活泼、新鲜明朗。构成的生动性就要利用对比性原则，如形的对比（曲直、方圆、大小、长短等）、色的对比（冷暖、明暗、鲜浊等）、量的对比（多少、疏密等）、质的对比（松紧、软硬等）以及空间对比（虚实、远近等），有对比就会有激情。当然，并非一应俱全地强调各种对比，

图3-4 具有协调性的包装

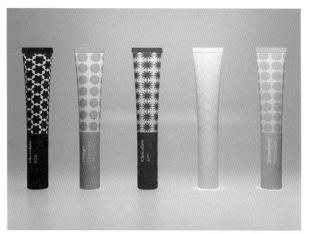

图3-5 具有生动性的包装

而应稍有侧重地表达，让包装生机盎然（图3-5）。

由于平面设计及材料技术的高度发展，包装成为最令人兴奋和极具挑战性的领域之一。如何运用色彩、图形、商标及文字是包装设计的关键，同时作为现代包装设计人员还需要掌握各种包装材料的知识，并保持与包装材料及容器发展步调的一致。

二、构图方法

构成的任务是要把不同的形式成分向一个目标靠拢，清晰地表达一个整体形象。为这个目标去奋斗，可以采取多种多样的方法。虽说方法是无穷无尽的，但还是可以大致归纳为如下几点。

1. 垂直式

垂直式是将各视觉传达要素摆放在一个垂直式的空间之中，给人造成挺拔向上、流畅隽永的感觉。在

构成时因众要素多以直立的形式出现，因此，还可将局部施以微小的变化，以小面积的非垂直式排列打破其单调、呆板的局面，使之更有活力（图3-6）。

2. 水平式

水平式与垂直式正好相反，水平式的空间分割往往会使人觉得平和安宁、庄重稳定。同样，水平式的构成也应在平稳中求变化，单纯中见活泼（图3-7）。

3. 倾斜式

当各要素以倾斜的方式构成，给人的最深印象便是律动感，它会使包装变得充满朝气。在运用倾斜式的构成时，一是要注意倾斜的方向和角度，倾斜的方向一般以由下至上比较好，符合人们的心理需求和审美习惯；二是倾斜的元素能够带来动感，同时也传达着不稳定感，这意味着须处理好动与静的关系，在不平衡中求稳定（图3-8）。

图3-6 垂直式构图

图3-7 水平式构图

图3-8 倾斜式构图

4. 分割式

分割式是指视觉要素布局在按一定的线型规律所分割的空间中，产生纷繁多变的空间效果的构成方法。分割的方法包括垂直分割、水平分割、斜形分割、十字分割、曲形分割等。构成时要处理好空间大小关系和主次关系（图3-9）。

5. 中心式

中心式是将主要的视觉要素集中于展示面的中心位置，四周形成大面积的空白的构成方法。中心式能一目了然地突出主体形象，给人以简洁醒目之感。但须讲究中心画面的外形变化，调整好中心画面与整个展示面的比例关系（图3-10）。

6. 散点式

散点式是指视觉要素以自由的形式，分散排列的构成方法。它用充实的画面给人以轻松、愉悦的感觉。设计时要注意结构的聚散布局、各要素间的相互联系，此外，还要使画面不失去相对的视觉中心（图3-11）。

7. 边角式

边角式是将关键的视觉要素安排在包装展示面的一边或一角，其他地方有意留下大片空白，这一违背传统的构成方式能加强消费者的好奇心，也有利于吸引消费者的注意力。但要注意视觉要素所处的边角位置以及实与虚的对比关系（图3-12）。

8. 重叠式

重叠式是多种色块、图形及文字相互穿插、交织的构成方式。多层次的重叠，使画面丰富、立体，且视觉效果响亮、强烈。要使层次多而不乱、繁而不杂，运用好对比与协调的形式原则是重叠式构成的关键（图3-13）。

9. 综合式

综合式是指没有规则的构成方式，或是用几种构成方式综合为一地进行表现。综合式虽无定式可言，但须遵循多样统一的形式法则，使之产生个性强烈的艺术效果（图3-14）。

图3-9 分割式构图

图3-10 中心式构图

图3-11 散点式构图

图3-12 边角式构图

图3-13　重叠式构图

图3-14　综合式构图

第二节　色彩

据有关资料表明，消费者对物体的感觉首先是色，其后才是形，在最初接触商品的20秒内，人的色感为80%，形感为20%，由此可见，色彩具有先声夺人的力量。在商品的包装视觉设计中，图形、文字等因素都有赖于一定的色彩相配合，可以说色彩是包装设计的关键。色彩对消费者的心理也具有一定的影响，它能左右人的情感，成功的色彩设计往往能使人产生愉悦的联想。因此，色彩在商品包装中起着非常重要的作用。

进行包装的色彩设计，我们应对色彩具有科学的认识，对色彩的功能性、情感性、象征性作出深入的研究，才有助于设计中色彩运用能力的培养。

一、包装色彩的基本功能

包装色彩的功能体现为两个方面，一是识别功能；二是促销功能。

1. 色彩的识别功能

缤纷的色彩因在色相、明度、纯度上的差异性，从而形成了各自的特点，将这些特点运用在包装上有助于消费者从琳琅满目的商品中辨别出不同的品牌。心理学中把消费者的注意分为有意注意和无意注意两种，当人们最初接触到某一商品时，大多是无意识的，即无意注意，但当消费者再次购买这一商品时，就会对包装有意识地注意，尤其是对最先触动视觉的色彩产生有意注意。因此，商品包装色彩运用得当，会加深消费者的注意力，从而触发购买行为。

在包装的色彩计划实施过程中，应用企业标准色是包装设计加强色彩的识别性、树立品牌形象直接有效的手段。目前的商业市场，是品牌大战最激烈的时刻，有设计师曾言："好的品牌包装远比一个推销员有用，它是识别商品的一面旗帜，是商品价值的象征。"而实施品牌识别系统的色彩计划，有助于消费者迅速辨认出商品属于哪家公司、哪个品牌。如世界两大知名品牌的可乐饮料："可口可乐"包装采用红色为主调；"百事可乐"包装采用蓝色为主调，均利用了极其鲜明的色彩显示出自己的品牌个性，增强了包装的视觉感染效果（图3-15、图3-16）。

2. 色彩的促销功能

好的商品包装色彩会格外引人注目，因为色彩是

图3-15 可口可乐

图3-16 百事可乐

（a）

（b）

图3-17 色彩鲜明的包装（张玉雪）

直接作用于人的视觉神经的因素。当人们面对众多的商品，能瞬间留给消费者视觉印象的商品，必然是具有鲜明个性色彩的包装。优良的商品包装色彩不仅能美化商品，抓住消费者的视线，使人们在购买商品过程中有良好的审美享受，同时也起到了对商品的宣传作用，让人不经意中注意到它的品牌。因此，企业在进行商品的包装设计时，应该意识到色彩的重要性，作为设计师，则要尽量设计出符合商品属性的、能快速吸引消费者目光的色彩，以提高企业商品在销售中的竞争能力（图3-17）。

二、包装色彩的视觉心理

在长期的社会活动中，人们受到自身性别、年龄、职业、民族、性格以及素养和审美条件等多种复杂因素的影响，从而对商品色彩的认识在生理上和心理上形成了一些习惯性的色彩印象，设计师对此有所了解，便能更为准确地把握包装的色彩。

1. 色彩的感情

（1）冷暖感。色彩的冷暖效应是色性所引起的条件反射，蓝、绿、紫等颜色，会给人以水一般冰冷的联想（图3-18）；红、橙、黄等颜色，会带给人们火一般的感受（图3-19）。不只是有彩色会给人冷暖的感觉，无彩色也同样如此：白色及明亮的灰色，给人寒冷的感觉；而暗灰及黑色，则令人有一种暖和的感觉。

（2）奋静感。一般来说，暖色、高明度色、纯色对视觉神经刺激性强，会引起观者的兴奋感，如红、橙、黄等色，称为"兴奋色"。而冷色、低纯度色、灰色给人沉静的感觉，称为"沉静色"。前者令人感到活泼与愉快，在设计中要表达瑰丽的效果，可用"兴奋色"（图3-20）；后者使人有安静、理智之感，若要表达高尚、稳重的效果，则可用"沉静色"（图3-21）。

（3）轻重感。色彩能使人看起来有轻重感，主要是因为明度的关系。一般来说，白色及黄色等高明度色彩给人感觉较轻；黑色或低明度的色彩则看上去较重。明度相同的色彩则视彩度而定，彩度高的看来较轻，彩度低的显得较重。感觉轻的颜色虽然给人轻快感，但也会让人觉得不够安定；相反低明度颜色则有稳定的感觉。设计时若要搭配轻色及重色，必须考虑它们之间的平衡性（图3-22）。

（4）进退感。在深色底上，并排着黄色与蓝色，从一定距离来看时，会感觉到黄色比蓝色近些，这种突出于背景的色彩，称为"前进色"；反之则称为"后退色"。一般而言，暖色、亮色、纯色有前进感，冷色、暗色、灰色有后退感。在设计中，若能适当使用前进色与后退色，可获得有效的层次感与空间感（图3-23）。

（5）柔硬感。色彩的柔和与坚硬感，与明度及彩度有密切的关系。亮色、灰色具有柔和感；而暗色、纯色具有坚硬感。在无彩色中，黑色与白色给人较硬的感觉，灰色则较柔和；有彩色中暖色系较柔，冷色系较硬，中性色系则显得最为柔和（图3-24）。

2. 色彩的象征性

大多数人都认为色彩的情感作用是靠人的联想产

图3-18　冷色的包装

图3-19　暖色的包装

图3-20　兴奋色包装

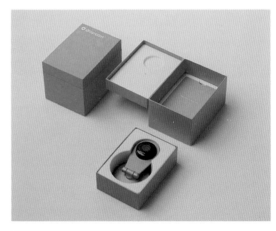

图3-21　沉静色包装

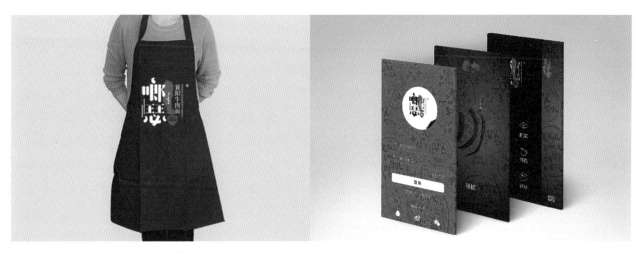

图3-22 轻重色搭配包装（魏汝赢）

（a）

（b）

图3-23 运用颜色进退感的包装

（a）

（b）

图3-24 运用颜色柔硬感的包装

生的，而联想是与人的年龄、性别、职业以及社会环境、生活经验分不开的。此外，长期以来通过人们的习惯造成的色彩固定模式，也使得一些色彩感觉在人们心目中成为永恒。总之，象征是由联想并经过概念的转换后形成的思维方式。

（1）红色是一个刺激性很强的色彩，它具有双重性的象征性格，既代表热情、活力、积极；又表示危险、冲动。在很多情形下，与节庆相关的商品包装多采用红色系（图3-25）。

（2）橙色是处于红、黄之间的色彩，给人以热闹、明朗、活泼的印象，在包装中使用频率颇高，特别是在食品包装中（图3-26）。

（3）黄色是一种欢快的色彩，具有光明、希望、明朗与高贵的象征意义。在中国古代，黄色是皇帝的专用颜色；在东方宗教中则是信仰、神圣、虔诚的象征；在基督教普及的欧美国家，因为黄色是叛徒犹大衣服的颜色而被认为是卑劣的象征。黄色给人的印象也较为强烈，在食品包装中应用最为广泛（图3-27）。

（4）绿色是大自然中草木的颜色，象征着自然和希望，同时也表示青春和生命。它在活泼中蕴藏着端庄与沉静。在药品、日化、文具等商品包装中常被使用（图3-28）。

（5）蓝色是澄净的天空颜色，代表着宁静、清爽、理智与广远。在西方，蓝色意味着贵族气息，也有部分国家和地区认为蓝色是悲壮、忧虑的象征。在药品和电器产品包装中使用最广（图3-29）。

（6）紫色具有高贵、神秘、优雅之感，同时也有孤傲、消极的意味。紫色的使用较难把握，常在女士化妆品及服饰品包装中应用（图3-30）。

（7）白色是纯洁的象征，代表高雅、轻快和神圣。由于白色易被污染，且给人的印象薄弱，因此，包装上应用较少，但在化妆品及医药品包装中有一定的运用（图3-31）。

（8）黑色是一种庄重、肃穆与黑暗、消极兼而有之的色彩，是包装设计中不可缺少的颜色。以前多用它作为辅助色彩，但随着时代的变迁，黑色成为"酷"的代言，因此，在现代许多以男性以及青春

图3-25　红色包装

图3-26　橙色包装

图3-27　黄色包装

图3-28　绿色包装

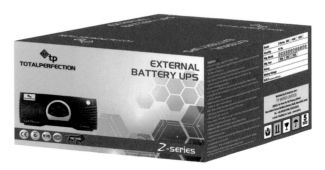

图3-29　蓝色包装

图3-30　紫色包装

图3-31　白色包装

图3-32　黑色包装

图3-33　金色包装

派为销售对象的商品中，黑色成为抢手的包装主色调（图3-32）。

（9）金银色是带有金属光泽的色彩。由于本身特有的耀眼光泽，形成了华丽、高贵的象征性，是高级化妆品以及各式礼品包装常用的点缀色彩（图3-33）。

三、色彩的运用

1. 依据商品的属性

包装色彩的商品属性是指各类商品都有各自的倾向色彩或称为属性色调。尤其是同一类产品，当存在不同口味或性质时，往往要借助于色彩予以识别。属性用色、构图和表现手法等，将共同构成商品的属性特点。

人们从自然生活中获取的认识和记忆形成了不同商品的形象色彩，色彩的形象性由此直接影响到消费者对商品内容的判定。因此，包装设计中对色彩形象性的把握是非常重要的。在反映商品内在品质方面，"根据商品固有的色彩或商品的属性，采取形象化的色彩使购买者产生对物品的回忆，对商品的基本内容、特征做出判断"是当前设计用色的一种主要手段。

不同的颜色在视觉与味觉之间会存有不同的感觉，如果包装设计师运用得当，不仅能使商品与消费者之间形成一种心灵的默契，而且能使购买者产生舒适宜人的感觉。一般来说糕点类食品包装色彩多选用

图3-34　矿泉水包装　　　图3-35　奶粉包装

黄色，因为黄色促进食欲；纯净水等饮料包装喜用蓝色，因为蓝色令人感到凉爽（图3-34）。一瓶咖啡的包装，用棕色体现的味浓，用黄色体现的味淡，用红色体现的味醇，可见色彩对商品的品质具有一定的影响。

商品的形象色可以从一些色彩的名称中得以反映。如以植物命名的咖啡色、草绿色、茶色、玫瑰红等；以动物命名的鹅黄色、孔雀蓝、鼠灰色等；以水果命名的橙黄色、橘红色、桃红色、柠檬黄等；此外，还有天蓝色、奶白色、紫铜色……将产品的固有形象色直接应用在包装上，会使消费者获得一目了然的信息，如奶粉包装可用乳白色（图3-35）；柠檬饮料可选用柠檬黄等。这些利用商品本身的色彩在包装用色上再现的手法，最能给人以物类同源的联想，增加商品的表达能力，使人产生购买欲望。

2. 依据消费对象

每一种商品都是针对特定的消费群体，因此，在包装设计时依据消费对象来进行定位设计就显得尤其重要，包装中的色彩设计亦是如此。不同的消费群对色彩的喜好也存在一定的差异，对色彩的好恶程度往往因年龄、性别、职业的不同而差别很大。一些调查表明，年龄是造成色彩喜恶的重要因素之一。在人的幼儿时期，最喜欢高纯度的颜色，尤其是暖色，如红、橙、黄，但对白色、黑色就没有多大的兴趣（图3-36）。到了小学三年级左右，这种倾向便开始有所转变，慢慢喜欢白色以及高明度的颜色（图3-37）。小学高年级时，孩子们对色彩的喜好就已和成人极为相似了。至于青年人所喜爱的颜色，大都和40岁左右的人相近，如高纯度、高明度色彩，还有白色和黑色（图3-38）。当人到了50岁左右时，喜欢纯色的人便显著减少，一般由高纯度变为低纯度，由亮色变为暗色（图3-39）。

其次，性别也往往被认为是造成色彩好恶不一的另一因素。但事实上，性别上的差异，不会在普通包装色彩的爱好方面造成太大的影响。虽然男女在着装上的色彩差别很大，但那是由一些必须斟酌的场所和某些社会性的因素造成。至于对色彩喜好的坦率表达，则男女大体相同。有不少人认为，男性较喜欢冷

图3-36　儿童玩具　　　　　　　　　　　　　　　图3-37　小学生书包

图3-38 高纯度高明度包装

图3-39 低纯度低明度的包装

色，女性则喜欢暖色，但这主要是基于色彩本身所带给人的联想：冷色显得刚毅，富有男性特征；暖色显得温柔，具有女性气质。所以，谈到色彩在性别上的差异，这点便是设计中或多或少应遵循的原则。

3. 依据地域习俗

同一色彩会引起不同地域的人们各不相同的习惯性联想，产生不同的甚至是相反的爱憎感情。因此，产品要占领国际市场，必须重视地域习俗所产生的色彩审美倾向。

以我国为代表的东方色彩具有很强的装饰性。我国传统色彩中以黑、白二色为基础，体现了辩证思维特点的"阴阳色彩观"，即"二气相交，产生万物"的观念。以黑、白二色为基础加上红、黄、青三原色所形成的五个正色，是我国传统的五色观。以五色配以不同的纹样象征不同的方位：青龙为东、白虎为西、朱雀为南、玄武为北，中央是天子为黄，并将五色与五帝、五神、五行、五德联系在一起，构成五行

说。如果以现代色彩观念来分析五色观，将五色分解开来，即为三原色（红、黄、青）加上两极色（黑、白），这正是色立体的最基本的构成因素。由此可见，即使以现代色彩观念来衡量五色观，它亦是很科学的方法（图3-40）。

中华民族是个衣着尚蓝、喜庆尚红的民族。中国人使用红色历史最为悠久，民间对红色的偏爱，与我国原始民族崇拜有关。红色具有波光最长的物理性能，它的色彩张力对人们的视神经产生强烈的刺激作用。古往今来，红色以它光明与正大、刚毅与坚强的性格长期影响着我国的民族习惯（图3-41）。

中国历史上正色被视为上等，含灰色被视为低级，一般使用就必须追求艳度高的配色，高艳度、强对比成为中国传统的配色方法。这类配色手法，在现代包装色彩设计中应加以借鉴与吸收（图3-42）。

由于地域的差异所引起对色彩的好恶不尽相同。同一颜色在某些国家或地区极受喜爱，但以这种色系

图3-40 五色与五行

图3-41 传统红色包装

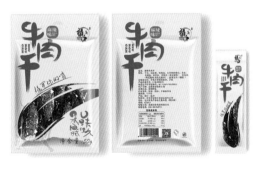

图3-42 高艳度强对比的包装

设计的产品包装若到了不同的国家或地区，却极有可能正是当地的忌讳色而不受欢迎。例如，西班牙喜爱黑色（图3-43），瑞士却禁忌该颜色；荷兰、挪威、法国等国家都喜爱蓝色（图3-44），但埃及却禁忌它。很多国家的消费者都认为食品包装的色调鲜艳为好，如意大利、哥伦比亚、缅甸等，但日本却不这样认为，反而对白色、灰色情有独钟，日本自产的食品包装很多就是用这些色调来表现（图3-45）。因此出口商品的包装对色彩的选用尤其要关注此点，投其所好，避其所恶，才能在产品竞争中占有优势。

色彩如同音乐的旋律，明显地呈现出自己的语汇魅力，一个优秀的包装设计师除了具有艺术家对色彩审美价值的直接判断力，同时也应该具有把色彩作为一种视觉语言的表现力。对包装色彩的运用，必须依据现代社会消费的特点、商品的属性、消费者的喜好、国际国内流行色变化的趋势等，使色彩与商品产生诉求方向的一致，从而更加有力地促进商品的销售。

图3-43　西班牙香水瓶

图3-44　蓝色的法国产品包装

图3-45　白色的日本产品包装

－ 补充要点 －

RGB与CMYK色彩模式

　　RGB色彩模式是工业界的一种颜色标准，是通过对红（R）、绿（G）、蓝（B）三个颜色通道的变化以及它们相互之间的叠加来得到各式各样的颜色的，RGB即是代表红、绿、蓝三个通道的颜色，这个标准几乎包括了人类视力所能感知的所有颜色，是目前运用最广的颜色系统之一。RGB是从颜色发光的原理来设计定的，它的颜色混合方式就如有红、绿、蓝三盏灯，当它们的光相互叠合的时候，色彩相混，而亮度却等于两者亮度之总和，越混合亮度越高，即加法混合。

　　CMYK颜色模式是一种印刷模式。其中四个字母分别指青（Cyan）、洋红（Magenta）、黄（Yellow）、黑（Black），在印刷中代表四种颜色的油墨。CMYK模式在本质上与RGB模式没有什么区别，只是产生色彩的原理不同，在RGB模式中由光源发出的色光混合生成颜色，而在CMYK模式中由光线照到有不同比例C、M、Y、K油墨的纸上，部分光谱被吸收后，反射到人眼的光产生颜色。由于C、M、Y、K在混合成色时，随着C、M、Y、K四种成分的增多，反射到人眼的光会越来越少，光线的亮度会越来越低，所以CMYK模式产生颜色的方法又被称为色光减色法。

第三节 文字

一、包装文字概述

文字是"形"和"义"的载体，作为视觉传达的有效工具，它在包装设计中起着举足轻重的作用，是传达商品信息必不可少的组成部分。曾有人给予包装文字高度评价：在商品的包装上可以没有图形，但不能没有文字（图3-46）。消费者通常凭借着包装上的文字去认识和理解商品的品质，性能，产地，使用方法等信息，从而了解产品的企业文化。优秀的包装文字不仅能清晰准确地传达出商品的属性，更能以其独特的视觉效果吸引消费者的关注，有助于树立良好的商品形象，促进商品销售。

包装文字设计是一种既有审美意义又具有信息意义的综合性设计，它是以研究字体结构，字体联想以及文字编排为主要内容，探讨文字造型风格理论与技术的设计，包括情调确立，字形提炼，文字编排，构图分析和形式表现等一系列思维创造过程。在设计包装文字时，应该注意把握商品的具体要求，结合商品的物质性能和信息受众以及包装容器的造型，结构，材料与工艺手段等方面进行综合的分析，不仅要考虑到文字表意性的传达功能，同时还要注意文字表现性的装饰功能（图3-47）。

二、包装文字的类型

从设计的角度看，包装上的文字主要有主体文字和说明文字两种。前者要求文字醒目，明朗，在包装画面中安排在重要的位置；而后者则作为一种装饰，起到美化包装的作用，可以安排在相对次要的地方。

1. 主体文字

包装主体文字只要包括表示商品的品牌名与品名的文字，是商品包装上最重要，最醒目的文字，它既是包装形象的主体部分，也是包装平面的构图中心。一般安排在包装的主要展示面上。在进行主体文字设计时，首先要注意文字的认知度和文字的识别性，以方便消费者理解和记忆；其次要强调文字的艺术性，设计要醒目，有个性，有意味，以吸引消费者的注意和兴趣；其三，要表现出商品的属性特征，以简化消费者的认知过程（图3-48）。

2. 说明文字

说明文字主要是用来说明商品的规格、重量、型号、成分、产地、用途、功效、生产日期、保质期、使用方法、保养方法、生产厂家等信息的文字，有的还兼有广告宣传的作用。说明文字有以下几种类型。

（1）宣传文字。这类文字从消费者的需求特点

图3-46 包装上的文字

图3-47 具有装饰功能的文字

图3-48 包装上的主体文字

图3-49 包装上的宣传性文字（王洋）

图3-50 包装上的介绍性文字

图3-51 包装上的提示性文字

图3-52 包装上的祝福性文字

出发，强调该商品给消费者带来的优于同类商品的特点和好处，以刺激消费者的注意与兴趣，如商品包装上的广告语。宣传性文字的内容应简洁、生动，且真实、可信（图3-49）。

（2）介绍文字。这类文字主要是介绍商品的属性、特征，以帮助消费者把握商品的价值，思考该商品是否满足自己的需要，如包装上的关于商品规格、重量、用途、功效等文字（图3-50）。

（3）提示文字。这类文字主要是说明使用方法、用法用量、注意事项等信息，作用在于指导消费者正确地使用商品，防止误操作引发的事故，如药品包装上的使用方法、化学用品包装上的警告文字等（图3-51）。

（4）祝福文字。这类文字以祝福、赞美等美好词句来沟通消费者的情感，拉近与消费者之间的距离，如节日期间包装上的祝福语等（图3-52）。

说明性文字往往在消费者购买决策中起到重要的

推动作用，字体应清晰、顺畅。易于阅读和理解，常用统一规范的印刷字体，其编排位置根据文字的主次关系和包装的形态而定。

三、包装的文字设计与应用

一般产品包装上的文字为了突出品牌形象，会对品牌字体进行装饰、加工设计，以强化文字的内在含义和表现力，使品牌字体风格变化多样、生动活泼，呈现鲜明的个性。

1. 品牌字体的设计原则

品牌字体的设计原则主要有以下三个方面。

（1）保证文字的可读性。文字最基本、最重要的功能是信息的交流与沟通，这是在品牌字体设计中必须遵循的原则。在进行品牌字体设计时，一般将形象变化较大的部分安排在次要的笔画上，以保证文字本身的绘写规律，确保文字的可读性。

（a）　　　　　　　　　　　　　　　　（b）　　　　　　　　　　（c）

图3-53　字体设计

（2）造型统一原则。一般品牌字体会由一个以上的字符组成，共同构成品牌形象。因此在字与字之间的造型手法需要具备统一性，以保证品牌整体形象的表现力。

（3）从商品内容出发。品牌字体的设计应该围绕产品的内容来进行。品牌字体的视觉特征应该符合商品本身的属性特点或卖点，使形式和内容得到统一（图3-53）。

2. 品牌字体设计的变化范围

对品牌字体的设计需要在一定的范围内进行，主要有以下几种。

（1）笔型变化。各种基础字体都有自己独特的笔型特征。在进行品牌字体的笔型变化设计时，必须注意变化的统一性和协调性，保持主笔画的基本绘写规律（图3-54）。

（2）外形变化。通过拉长、压扁、倾斜、弯曲、角度立体化等手法，改变文字的外部结构。对于复杂的外形或与文字本身外形差距较大的形状尽量避免使用（图3-55）。

（3）排列变化。打破文字原有的规整排列，重新安排排列秩序，可以使品牌字体呈现出全新的动感和生命力。还可以调整字符之间的距离，构成独特的视觉效果，但必须符合人们的阅读习惯（图3-56）。

（4）结构变化。基础字体的结构通常空间疏密布局均匀、重心统一并位于视觉中心处。改变文字的笔画疏密关系或文字的重心，可以使字体变得新颖别致。需要注意在变化字体结构的时候保证变化的统一性，避免出现杂乱的效果（图3-57）。

图3-54　字体设计中的笔型变化

图3-55　字体设计中的外形变化

图3-56　字体设计中的排列变化

图3-57　字体设计中的结构变化

3. 品牌字体设计的表现手法

字体设计的表现手法众多，最常用的有如下几种。

（1）字形变化。对品牌字体整体外形做透视、弯曲、倾斜、宽窄变化。

（2）笔形装饰。对笔形特征进行图案化、线形变化、立体化等装饰（图3-58）。

（3）重叠与透叠。将文字与图形或文字与文字进行重叠，并透出相交的部分形态，使字符之间的关系更加紧密，强调层次感和整体感。

（4）断笔与缺笔。对文字中个别次要的笔画进行断开或省略化处理，但需要注意保持可读性。

（5）借笔与连笔。借笔是指运用共用形的手法使整体品牌字体造型更加简洁并富有趣味，连笔则增强了整体感。这类手法对字与字之间的联系要求较高，并不适用于所有文字（图3-59）。

（6）变异。在统一的整体形象中对个别部分或笔画进行造型变化，使文字的含义更加形象化。

（7）图地反转。运用图与地之间阴阳共生的关系，充分发挥品牌字体中的空白部分（地）的表现力，使字体形象更加紧凑（图3-60）。

（8）空间变化。运用透视、光影、投影、空间旋转、笔画转折等立体化形象处理手法使字体更加醒目（图3-61）。

（9）排列变化。重新编排字符之间的排列关系，增强活力和空间变化。

（10）形象化。将文字与具体形象相结合，使文字的含义更加外露，有利信息传达，并且更易记忆（图3-62）。

（11）手写体。运用毛笔、钢笔等不同风格的笔型特征或不同肌理的纸张，产生视觉风格的多样性。需要结合商品的属性和个性进行设计。

图3-58 字体设计中的笔形装饰

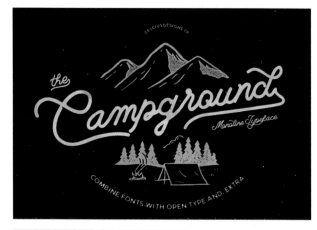

图3-59 字体设计中的借笔与连笔

图3-60 字体设计中的图地反转

图3-61 字体设计中的空间变化

图3-62 字体设计中的形象化

- 补充要点 -

字体

字体一般分为衬线字体（如宋体）和非衬线字体（如黑体）。前者笔画开始、结束的地方有额外的装饰，而且笔画的粗细不同，衬线体粗细不同（可读性更佳），用于大段落文章，增加阅读对字母参照参考；后者没有额外的装饰，而且笔画的粗细差不多，简洁、时尚、轻松休闲、干净，笔画对比较弱，不及衬线字体。

在汉字中，分为单体字与合体字。单体字，即由一个偏旁单独构成的字；合体字是由两个或两个以上偏旁组合成的字。汉字轮廓形似方块，但是由于笔画不同，字体轮廓的形状就会呈现不同的形状，所以在视觉均衡上就会有些许视觉偏差。尤其是单体字和合体字组合笔画有时会显得不好看。所以我们要在不同形状的字形上做调整和处理，让他们看起来更加完整、均衡。

第四节　各国包装设计禁忌

自加入世界贸易组织（WTO）后，我国与世界各国的贸易量不断提高，进入21世纪后，随着经济全球化的不断发展，国货开始走遍世界。在产品包装方面，有时会由于各国国情不同，文化差异的存在，对商品的包装材料、结构、图案及文字标识等要求不同，一些产品在进入市场的时候会遭到冷遇甚至是敌视，而了解这些规定与文化禁忌，则可以帮助我们避免一些不必要的误解，对包装设计和产品销售大有裨益（图3-63、图3-64）。

一、对于文字的规定

加拿大政府规定，进口商品包装上必须同时使用英、法两种文字；销往香港的食品标签，必须用中文，但食品名称及成分，须同时用英文注明（图3-65）；销往法国的产品的装箱单及商业发票须用法文，包装标志说明不以法文书写的应附法文译注；销往阿拉伯地区的食品、饮料，必须用阿拉伯文字说明（图3-66）；销往巴西的食品，要附葡萄牙文译文；

图3-63　中国加入世界贸易组织

图3-64　中国制造

图3-65 中英文注明的商品标签

图3-66 阿拉伯语的产品说明

希腊商业部规定，凡进口到希腊的外国商品包装上的字样，除法定例外者，均要以希腊文书写清楚，否则将追诉处罚代理商、进口商或制造商。

一些国家数字上的禁忌也是包装设计所要注意的问题。如日本忌讳"4"和"9"这两个数字，因此，出口日本的产品，就不能以"4"为包装单位，像4个杯子一套，4瓶酒一箱这类包装，在日本都将不受欢迎；欧美人忌讳"13"。

二、对包装材料的规定

好马配好鞍，品质优良的商品要选用相应的优良包装材料，才能使商品的内容与形式相得益彰。但是在某些国家常用的包装材料在另一些国家就未必适宜使用。

美国规定，为防止植物病虫害的传播，禁止使用稻草作为包装材料，海关一旦发现稻草包装材料，必须当场烧毁；日本、加拿大、毛里求斯及欧洲若干国家都禁用稻草、干草和报纸屑作为包装衬垫物（图3-67）；埃及禁用原棉、葡萄树枝、旧材料或易于滋生害虫、寄生虫的植物材料作为包装衬垫物。

新西兰农渔部农业检疫所规定，进口商品包装严禁使用以下材料：土壤、泥灰、干草、稻草、麦草、谷壳或糠、生苔物、用过的旧麻袋和其他废料等作为进口商品的包装；菲律宾卫生部和海关规定，凡进口的货物禁止用麻袋和麻袋制品及稻草、草席等材料包装；一些通常以原木包装的红酒在出口到澳大利亚时，需提前准备好其木料证明（图3-68）。因为澳大利亚防疫局规定，凡用木箱包装(包括托盘木料)的货物进口时，均需提供熏蒸证明。

图3-67 包装盒里的干草

图3-68 原木包装的葡萄酒

三、对使用色彩的要求

不同的民族，由于风俗习惯、宗教信仰的不同，对色彩会有不同的禁忌。"入乡随俗""随俗为变"，对于打入国际市场的产品不能不考虑不同国家或民族对色彩的好恶习俗，以免出现不必要的漏洞。对出口包装进行设计时，应根据世界各国的生活习俗选择适宜的色彩。不同的国家对色彩有不同的反应。

美国人喜欢鲜明的色彩，美国人对红蓝白三色并用有好感，因为这是美国国旗的配色；巴西人以紫色为悲伤，暗茶色为不祥之兆，对此极为反感；法国人视鲜艳色彩为高贵，备受欢迎；瑞士以黑色为丧服色，而喜欢红、灰、蓝和绿色；荷兰人视橙色为活泼色彩，橙色和蓝色代表国家的色彩（图3-69）；丹麦人视红、白、蓝色为吉祥色；意大利人视紫色为消极色彩，服装、化妆品以及高级的包装喜好用浅淡色彩，食品和玩具喜好用鲜明色彩；埃及人喜欢绿色；印度人喜欢红色；奥地利、土耳其人喜欢绿色，而法国、比利时、保加利亚人讨厌绿色；蒙古人厌恶黑色。

日本人受到回归自然的消费理念冲击，崇尚自然色彩，偏好素淡、中性的色调。受传统习惯影响，仍然喜欢红、白对照色等比较明朗的色彩，但不喜欢黑色和黄色组合。因为各个层次的消费者的色彩爱好各有差异，日本的包装比较注重个性化、感性化、多样化。

东南亚各国老一代的消费者仍然对东方色彩的原色比较偏爱，例如认为红色代表喜庆，是吉祥的色彩，可用于节日包装设计。黄色是庄严、神圣之色。一般不喜欢黑白相间的包装，认为表示悲哀和不吉祥。

因此，了解出口国家包装物的禁忌色彩，对设计出口商品包装至关重要。如我国出口德国的红色鞭炮曾在相当长的一段时期内打不开销售局面，产品滞销。我国出口企业在进行市场调研后将鞭炮表面的包装用纸和包装物改成灰色，结果使鞭炮销售量直线上升（图3-70）。

四、禁用的标志图案

法国人视马为勇敢的象征；法国人忌核桃，忌用黑桃图案，商标上忌用菊花（图3-71）。视孔雀为恶鸟，忌讳仙鹤、乌龟；英国商标上忌用人像作商品包装图案，忌用大象、山羊图案（图3-72），却喜好白猫，和法国人一样，英国也视孔雀为恶鸟，而视马为勇敢的象征。

对德国出品的商品和包装上，禁用类似纳粹和纳粹军团的符号做标记。瑞士人忌讳猫头鹰（图3-73）。此外，欧洲人中除比利时人视猫为不祥之物外，大多喜欢猫；巴西禁用绛紫色作商品图案，因为紫色用于葬礼；利比亚对进口商品包装禁止使用猪的

图3-69　荷兰橙色的产品包装

图3-70　灰色的鞭炮

图3-71 黑桃

图3-72 山羊

图3-73 猫头鹰

图案，女性人体图案也在禁止之列；另外国际上视三角形为警告性标志，所以忌用三角形做出口产品的商标。

违犯这些俗规，买卖交易就会受阻。如孔雀在现实中属于中国民间崇拜的凤凰，在印度却认为是"淫荡"的象征。

课后练习

1. 构图需要遵守哪些原则？

2. 有哪些常见的构图方法？

3. 在进行包装设计时，选择色彩要注意哪些问题？

4. 包装文字在包装设计中有哪些作用？

5. 选择1份你喜欢的包装设计作品，并分析其构成。

6. 以3个人1组，至少运用3种构图技巧，完成1份包装设计草图。

第四章
包装设计工艺

学习难度：★★★★☆
重点概念：包装材料、凸版印刷、
凹版印刷、包装防伪

◁ 章节导读

　　无法被制作出来的包装设计不是好设计。作为一个包装设计师，在进行设计时，不仅要考虑市场、考虑视觉感官，更要考虑设计方案的实现方法、工艺选择。通过这一章的学习，我们将对包装设计工艺进行深入的了解，如包装材料的选择、印刷以及包装防伪工艺等。随着现代科技的不断发展，包装设计工艺也不断更新换代，作为设计师，要时刻紧跟时代的脚步，了解并根据需求敢于运用这些新的包装工艺（图4-1）。

图4-1　包装设计工艺

第一节　包装设计与材料

　　包装材料是指用于制造包装容器和构成产品包装的材料的总称。社会科技的发展使各种新型的材料不断诞生并被利用，包装材料从天然发展到合成，从单一发展到复合，材料的互相渗透已成为世界性的发展趋势和必然。它代表的是一个新时代的文化信息，一种新生力量在生活中的体现，使得现代包装的行列中又增添了新的家族，使包装文化的美感具有了时代感、流行性和普及性。

　　包装设计中对于材料的选择非常重要，不同的材料给人以不同的视觉感受，当然包装材料的种类很多，如棉麻质的、陶质的、木质的等。这里我们就构成现代包装材料四大支柱的纸、玻璃、塑料和金属来进行讨论（图4-2~图4-5）。

一、包装材料的分类

1. 纸包装材料

纸包装材料是包装行业中应用最为广泛的一种材

图4-2　纸质包装

图4-3　玻璃包装

图4-4　塑料包装

图4-5　金属包装

料，它加工方便、成本低廉，适合大批量机械化生产，而且成型性和折叠性好，材料本身也适于做精美印刷。纸包装材料的种类有：

1）白纸板。白纸板是一种里层用废纸浆或草浆抄造，以漂白化学浆挂面的纸板。面层洁白，印刷适性好，有的还覆膜，多用于印刷精美的商品包装盒（图4-6）。

2）黄纸板。黄板纸是一种厚度在1~3毫米之间，硬而结实的板纸，常被用作盒体或讲义夹、日记本等用品的面壳和内衬的板纸（图4-7）。

3）瓦楞纸板。瓦楞纸板是一种以瓦楞芯纸为中间层的纸板。芯纸在瓦楞机上起楞而呈波浪状，然后在一边或两边粘贴面纸，组成高强度的纸板。瓦楞纸板种类繁多，有单面瓦楞纸板、双面瓦楞纸板、双层及多层瓦楞纸板等。通常用作二级包装，因为它的保护性能优于卡纸板，可防止商品在运输过程中出现破损。当然，较细较薄的瓦楞纸也用作销售包装的材料（图4-8）。

4）铝箔纸。铝箔纸是金属纸质，由铝箔和薄纸黏合而成，是一种防潮、隔热、遮光、紧密而不透气的加工纸。一般用于香烟、食品及高档包装的内壁或作为包装的内衬（图4-9）。

5）铜版纸。铜版纸是一种在以化学木浆为原料，在制造的原纸上涂上白色涂料并经超级压光处理而制成的高级印刷用纸。纸质细腻，纸面洁白富有光泽，特别适合画册、画报等精细彩色印刷。可分为单面铜版纸和双面铜版纸。一般每平方米重40~250克之间，200克以上的叫铜板卡纸（图4-10）。

6）牛皮纸。牛皮纸的特点是表面粗糙多孔、抗拉强度和抗撕裂强度高。牛皮纸又分为袋用牛皮纸、条纹牛皮纸、白牛皮纸等。由于成本低、价格低廉、经济实惠，并且因其别致的肌理特征，常常被设计师们采用，大多应用在传统食品及一些小工艺品的包装上（图4-11）。

7）玻璃纸。玻璃纸是以天然纤维素为原料制成的，有原色、洁白和各种彩色之分。玻璃纸的特点是薄、平滑，表面具有高强度和透明度，抗拉强度大，伸缩度小，印刷适应性强，富有光泽，而且保香味性

图4-6　白板纸印刷的包装

图4-7　黄板纸盒

图4-8　瓦楞纸板

图4-9　铝箔纸

图4-10　铜版纸印刷的手册

图4-11　牛皮纸袋

能好，具有防潮、防尘等作用，多用于糕点等即食食品的内包装（图4-12）。

8）蜡纸。蜡纸就是在玻璃纸的基础上涂蜡而成的，它具有半透明、不变质、不粘、不受潮、无毒性的特点，是很好的食品包装材料，可直接用来包裹食物。同时由于它半透明的特点，也常与其他材料搭配，形成朦胧的美感（图4-13）。

9）过滤纸。过滤纸的主要用途是用来包装袋泡茶（图4-14）。

纸盒成型的工艺方法主要有：压线折叠、切割卡隔、切割弯曲、插接、连接、粘接等。

2. 塑料包装材料

塑料是一种人工合成的材料，属于天然纤维构成的高分子材料，与纸张不同。由于配料成分和聚合方式不同，以及加工环境、条件、方法不同，生产出的塑料产品性能、种类也不同。按照包装形式的不同，可分为塑料薄膜、塑料容器两大类。

塑料薄膜具有强度高，防水防油性强，高阻隔性特点，主要用于内包装材料和生产包装袋的材料，塑料薄膜根据使用需求的不同，加工成型的方法各异，

图4-12　玻璃纸包装

图4-13　蜡纸包装

图4-14　过滤纸包装的茶

图4-15　塑料薄膜

图4-16　塑料容器

主要可分为单层材料和复合材料（图4-15）；塑料容器是以塑料为基材制造出的硬质包装容器，可取代木材、玻璃、金属、陶瓷等传统材料，其优点是成本低、重量轻、可着色、易生产、易成型、耐化学性等，缺点是不耐高温、透气性较差（图4-16）。

塑料容器包装的成型方法主要有下列几种：一是挤塑，即挤出成型，主要用于生产管材、片材、柱形材等特定型材；二是注塑，又称注射成型，这种工艺需要制造模具，成本较高，但是可以保证制品尺寸精确、表面光洁，适合大批量生产，这种工艺目前广泛被应用于塑料包装容器、塑料杯、塑料盒、塑料瓶、塑料罐等容器的生产制造；三是吹塑，是制造中空瓶型容器的主要方法，如化妆品瓶、饮料瓶、调料瓶等大都采用这种工艺。

3. 金属包装材料

金属材料在19世纪初开始成为新的包装材料，它的出现最初是源于军队远征时长期保存食物的需要。随着工业化的发展和制造技术的进步，金属包装以其密封性好，可以隔绝空气、光线、水气的进入和气味的散出，抗撞击性能高等特点，逐渐为人们所喜爱。并且随着印铁技术的发展，金属包装的外观也越来越漂亮，呈现出艺术化发展的趋势。现在常用的金属包装材料主要有马口铁皮、铝及铝箔、复合材料等几种。

马口铁皮是最早使用的金属包装材料。现在的马口铁皮通常是采用厚度在0.5毫米以下的软钢板制成

的积层材料，大多用于食品罐包装，并且采用电镀技术以增强包装材料的性能，加强耐蚀性（图4-17）。

铝材用于包装的历史比铁皮要晚一些，它的出现使金属包装材料产生了大的飞跃，它重量轻（为马口铁皮重量的1/3）、质地软、易加工成型、没有金属离子溶出时产生的异味、无毒、无生锈现象、印刷性良好，近年来大量用来做生产制罐的材料，尤其是用于易拉罐的制造。此外，铝箔也是重要的铝质包装材料，它具有良好的适用性、经济性、卫生性，其硬度大、防湿性好、不透水、保香保味性好、防霉菌、防虫、极为清洁，非常适合食品类的包装，而且它还具有保温机能，适用于冷冻食品的包装。铝箔具有明亮的光泽，印刷性良好，是一种理想的食品和日用品包装材料（图4-18）。

4. 玻璃包装材料

玻璃的主要原料是天然矿石、石英石、烧碱、石灰石等，它具有高度的透明性及抗腐蚀性。玻璃制造工艺简单，造型自由多变，硬度大、耐高温、易清理，也可以反复使用，主要用于酒类、油类、饮料、调味品、化妆品、液态化工产品的包装。它的缺点是重量大、不耐冲击、运输存储成本高等。

玻璃主要分为钠玻璃（图4-19）、铅玻璃（图4-20）、硼硅玻璃（图4-21）三种。钠玻璃为普通玻璃，又称为软玻璃，质地脆、易熔化、抵药剂性能较差，略带青绿色；铅玻璃是由高铅含量的光学玻璃

图4-17 食品罐包装

图4-18 铝制易拉罐

图4-19 钠玻璃

图4-20 铅玻璃

图4-21 硼硅玻璃

加工而成，内材清洁透明度高，具有很强的防辐射能力；硼硅玻璃的耐酸性强，硬度适当，容易加工。

玻璃容器的成型按照制作方法可以分为人工吹制、机械吹制和挤压成型三种。人工吹制是传统的手工制造方式，使用长的真空吹管以人嘴吹制，现在主要用于制作形状复杂的工艺品。机械吹制是用机器进行大规模生产，主要用于制造形状固定、要求制式标准、批量大的玻璃容器。挤压成型是将玻璃原料熔化，注入模具中挤压而成的，模具表面的光泽度和肌理会直接反映在玻璃表面上，用这种方法生产的玻璃容器价格低、产量高、外形美观，但是壁体较厚。

除了以上四种主要应用的包装材料以外，木材、陶瓷、纺织品、皮革、藤、竹等也常被用作包装材料，特别是在个性化包装设计中。例如竹子材料，质地精纯、柔雅亲和、纹理清晰、手感舒适，用作土特产的包装，不但丰富了产品和设计的艺术风格，而且

在很大程度上提升了人们的审美观念和环保意识，以材质美感来凸显商品的民族特色和文化品位。

二、包装材料的发展趋势

一种新材料的出现，就会使一种包装形式具有鲜明的时代标记。从19世纪开始，随着工业化的发展，包装材料逐步丰富起来，1800年出现了机制的木箱；1818年制成了镀锡的金属罐；1856年英国发明了瓦楞纸，并在1871年得到应用；1895年金属软管应用于牙膏、药膏等产品；1908年瑞士化学家发现了玻璃纸，该技术于1924年传到美国，被美国杜邦公司用于食品包装；1927年发现了聚乙烯，并于1930年广泛应用于包装；20世纪后半期，铝箔应用于冷冻食品包装；1950年美国开发了层压技术，从此开创了复合材料的新时代。

新材料凝聚了高科技，更加科学合理、安全可靠，也更加注重有益健康和无公害，更加充分考虑环保、再利用等方面的因素。目前，资源消耗和环境保护已成为全球生态的两大热点问题，对包装材料提出了新的要求。在以往的包装材料中，一些不能分解的有毒物质会造成环境污染，导致了自然界的恶性循环，因此，可以回收利用、环保的新型复合材料受到青睐，如牛奶、果汁饮料类包装采用纸塑复合材料代替玻璃、金属等材料，大量节省了包装能源成本，同时又较好地保持了食品的风味和质量，并具备时代的

美感（图4-22、图4-23）。

设计师在设计包装时，应在根据产品定位的基础上，遵循适用、经济、美观、方便、科学的原则，选用那些保护性好、安全性高，且取材方便，易于加工、易于回收，经济环保的材料，避免华而不实的包装，尽量减少包装用料，提高重复使用率，降低综合包装成本，使产品包装、人和环境建立和谐关系，不断开发可控生物降解、光降解及水溶性的包装材料。在推出新型包装材料的同时，同步提高可回收再利用的技术，把包装对生态环境的破坏降到最低程度。

图4-22　牛奶包装

图4-23　果汁包装

－ 补充要点 －

气泡布

气泡布（Bubble Wrap）其实不是布，而是一种塑胶包装材料，一般呈透明状，上面布满注入空气的小气泡，又称为气泡纸、泡泡纸。由于气泡能有效缓冲，避免包裹碰撞，因此通常用来包扎易碎或不耐冲击的物品。有些气泡布做成袋状，或贴附在纸制封套里面，可直接装入物品图4-24。

气泡布最初是由美国的Airproduct公司发明的，他们是从幼童用的塑胶游泳池中得到概念的。现在的气泡布一般是由两块PE塑料组成的，方法是在其中一面塑料成型后突出的圆柱状中央注入空气后，再用另一块封闭，这样就能达到防压的用途。

图4-24　气泡布

一般使用者会利用有气泡突起的一面来包裹物品，但实际上无论用任何一面的效果都是相同的。而对于博物馆、美术馆等收藏品的包装，如要单以气泡布包裹，应以"塑料面"接触藏品，"气泡"朝外，是为避免气泡于长时间包装或外在环境因素导致塑料材老化而在藏品上留有气泡的形状，较敏感的藏品材质如相片反应更甚。但如果需要长时间包装或收存藏品，尽量不以塑料材料包装，或是换以无酸材料。

第二节　包装与印刷

印刷在人类文明与信息传播的过程中扮演着重要的角色，并与现代包装设计有着密切的联系。可以说，包装的发展是伴随着印刷等技术的发展而发展起来的，包装中色彩斑斓、图案丰富的视觉效果是通过印刷和工艺来实现的。对于设计师来讲，在对一个作品定位、构思的同时，就应该考虑它的印刷制作问题。早期设计包装主要采用手绘的方法，随着电子计算机的普及与应用，电脑设计逐渐取代手工操作，电子设备与印刷之间的交流日益频繁（图4-25）。

在印刷设计中，通过青、品红、黄油墨三原色（C、M、Y）不同的比例混合，获得所要的颜色光谱色调值（图4-26）。印刷设计人员的操作和把控，直接影响到印刷设计在承印物上的三原色油墨的密度正确和平衡与否。印刷设计操作人员虽然只能在有限的范围内测量、设置油墨密度，但这些密度范围可以帮助印刷设计人员获得较大范围的叠印油墨色，不论油墨是否透明，承印物是否纯白。在印刷设计中我们可以十分方便地在各种相关的出版物上找到这些密度范围。

一、包装印刷的主要类型

1. 凸版印刷

凡印刷版面上的印纹凸出，非印纹凹下的通称凸版印刷（图4-27）。

原理：由于印刷版面上印纹凸出，当油墨辊滚过时，凸出的印纹沾有油墨，而非印纹的凹下部分则没有油墨。

优缺点：凸版印刷是历史最为悠久的印刷方法。我国古代雕版印刷，活字印刷术就是凸版印刷。由于其中大量使用金属板材，制版过程相对复杂，周期长，难与平版印、凹版印、柔性版印刷竞争。

适应面：凸版印刷最适合以色块、线条为主的一般

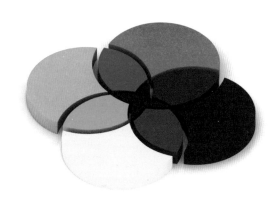

图4-25　运作中的印刷机　　　　　图4-26 CMYK颜色

图4-27 凸版印刷

图4-28 凹版印刷的效果

包装，如瓶贴、盒贴、吊牌和纸盒等，也可印制塑料膜。

2. 凹版印刷

与凸版相反，凹版的印纹陷于版面下，而非印纹部分是凸起来的。

原理：油墨辊滚在版面上以后，自然落入凹陷的印纹之中，随后将平滑表面上的非印纹部分油墨刮擦干净，只留下凹陷印纹中的油墨。

优点：凹版印刷使用的压力较大，印刷品的墨色厚实，表现力强，层次丰富，色泽鲜艳，印量大，适应的纸张范围大，也可以印塑料薄膜、金属箔等（图4-28）。缺点：制版过程复杂，小批量印刷不合适。

3. 平版印刷

其印纹和非印纹几乎在一个平面上，利用水油不相溶的原理，使印纹保持油质，而非印纹部分则经过水辊吸收了水分。

原理：油质的印纹沾上了油墨，吸收了水分的非印纹则不沾油墨，油墨转印到纸张而成。

优缺点：平版印刷是有早期的"石版印"发展而来（图4-29），后改用金属锌或铝作版材，也称柯式印刷法。其印品吸墨均匀，色彩丰富，色调柔和，但油墨稀薄，光亮度也稍差，不适合批量小的印品。

适应面：广泛用于色彩照片，写实为主的包装装潢画面，能够充分表达景物的质感和空间感，铁盒也多用平版印刷。

4. 丝网印刷

将蚕丝、尼龙、聚酯纤维或金属丝制成丝网，绷在木制或金属制的网框上，使其张紧固定，再在其上涂布感光胶，经曝光、显影，使丝网上图文部分成为通透的网孔，非图文部分的网孔被感光胶封闭，丝网印刷也叫孔版印刷。

原理：印刷时将油墨倒在印版一端，用刮墨板在丝网印版上的油墨部位施加一定的压力，同时向丝网的另一端移动，油墨在刮板挤压下从丝网通孔中漏至承印物上，完成一色的印刷（图4-30）。

优缺点：丝网印刷油墨浓厚，色调鲜艳，可承印各种印物如纸、布、铁皮、塑料膜、金属片、玻璃等，也可以在立体和曲面物上印刷如盒、箱、罐、瓶。缺点是印刷速度慢、产量低，不适应于大批量印刷。

图4-29 平板印刷印版

图4-30 丝网印刷

二、印刷的要素与流程

1. 印刷要素

常规印刷必须具备有原稿、印版、印刷油墨、承印物、印刷机械五大要素。

（1）原稿。原稿是制版和印刷复制的对象或称基础。印刷是复制加工艺术，在加工过程中必须忠实原稿，保持原稿的独特风格和艺术性，所以原稿是印刷必备条件之一（图4-31）。

原稿可分为反射稿和透射稿两大类，反射原稿是以不透明材料作原稿的基础。其可分为文字原稿、绘画原稿、照相原稿。文字原稿以文字构成为主，如有手写稿、打字稿、印刷品原稿等；绘画原稿又可分为线条稿和连续调原稿，线条稿包括图表、连环画、漫画、钢笔画、木刻及版画等，它们的主要特点是画面均由线条组合而成；照相原稿一般是以照相纸为基础的黑白照片或彩色照片的连续调原稿。

（2）印版。将原稿的图像或文字，通过物理或化学的方法转移到金属板表面形成印刷的图文部分和非印刷的空白部分，这种金属板即印版。印刷时非图文的空白部分不着墨，图文部分则着墨，在压力的作用下，使着墨的图文转移到承印物上（图4-32）。

（3）印刷油墨。油墨是承印物获取印版图文的着色剂，也是主要材料之一。印刷时是将油墨均匀地涂布在墨辊上，墨辊墨层再传递给印版着墨的图文部分（图4-33）。

（4）承印物。承印物一般是指印刷的纸张，除此之外还有塑料薄膜、金属、木材、玻璃等（图4-34）。

（5）印刷机械。印刷机械是印刷加工的主要工具。它的主要功能是将油墨涂布在印版上，再在压力的作用下，将印版图文墨迹转移到承印物上（图4-35）。

2. 印刷工艺流程

（1）设计稿。设计稿是印刷元素的综合设计，包括图片、插图、文字、图表等。目前在色装设计中普遍采用电脑辅助设计，直接进行设计。

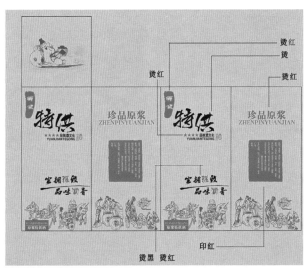

图4-31 原稿

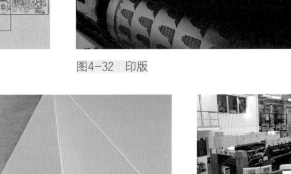

图4-32 印版

图4-33 印刷油墨

图4-34 纸张

图4-35 印刷机械

（2）照相与分色。彩色画稿或彩色照片，其画面上的颜色数有成千上万种。若要把这成千上万种颜色一色色地印刷，几乎是不可能的。印刷上采用的是四色印刷的方法。即先将原稿进行色分解，分成青（C）、品红（M）、黄（Y）、黑（K）四色色版，然后印刷时再进行色的合成。所谓"分色"就是根据减色法原理，利用红、绿、蓝三种滤色片对不同波长的色光所具有的选择性吸收的特性，而将原稿分解为黄、品红、青三原色。在分色过程中，被滤色片吸收的色光正是滤色片本身的补色光，以至在感光胶片上，形成黑白图像的负片再行加网，构成网点负片，最后拷贝、晒成各色印版。这是最早的照相分色原理。

由于印刷技术的发展，现在我们可以通过印前扫描设备将原稿颜色分色、取样并转化成数字化信息，即利用同照相制版相同的方法将原稿颜色分解为红（R）、绿（G）、蓝（B）三色，并进行数字化，再用电脑通过数学计算把数字信息分解为青（C）、品红（M）、黄（Y）、黑（K）四色信息（图4-36）。

专色是指在印刷时，不是通过印刷C，M，Y，K四色合成这种颜色，而是专门用一种特定的油墨来印刷该颜色。专色油墨是由印刷厂预先混合好或油墨厂生产的。对于印刷品的每一种专色，在印刷时都有专门的一个色版对应。使用专色可使颜色更准确。尽管在计算机上不能准确地表示颜色，但通过标准颜色匹配系统的预印色样卡，能看到该颜色在纸张上的准确的颜色，如Pantone彩色匹配系统就创建了很详细的色样卡（图4-37）。对于设计中设定的非标准专色颜色，印刷厂不一定准确地调配出来，而且在屏幕上也无法看到准确的颜色，所以若不是特殊的需求就不要轻易使用自己定义的专色。

（3）制版。制版过程一般为：原稿→菲林→曝光→显影冲洗→干燥→后处理→贴版供上机印刷。

原稿制作好之后，经过电脑照排机电子分色输出生成菲林（图4-38）。菲林送制版车间拼版后在各种不同的制版设备中曝光，经显影冲洗、干燥、后处理后贴版供上机印刷。不同的印刷方式有不同的要求，制版过程大体相同。

（4）拼版。拼版工艺随着电子分色和照相直接

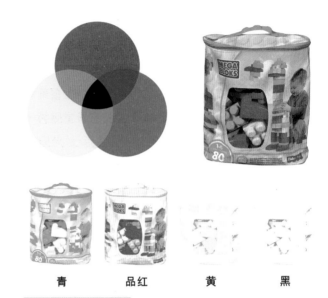

图4-36　CMYK分色图

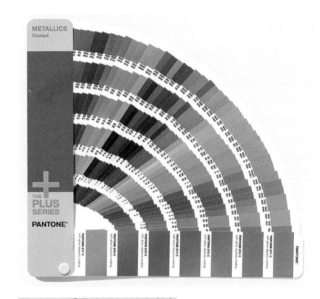

图4-37　潘通（Pantone）色卡

图4-38　菲林打印机

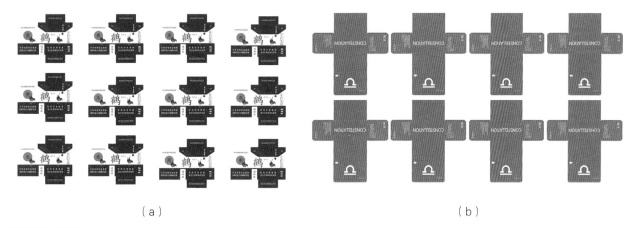

（a）　　　　　　　　　　　（b）

图4-39　拼版

加网工艺的普遍推广使用而不断变革，出现了多种拼版方法。但是目前无论是国内还是国外，绝大多数还是以手工拼版为主。近年来国外相继推出各种类型的电脑控制拼版机和电子分色与拼版一起进行的电子分色机。但因这类机器效益不佳未能推广。最近德国又推出最新型的彩色拼版系统。我国已有引进，但由于工艺操作复杂和价格昂贵，仍在试用阶段。所以在一个相当长的时期内，拼版工艺仍将以手工为主。

将数张或几十张彩色的稿件和花边、底色、文字，按照客户设计的版式要求，拼制在一幅版上称为拼版。由于各张原稿缩小与放大的比例不一，需待电子分色或照相分色的比例缩放合适后，再作软片的拼版工作。客户设计的图形种类多，有的要圆形，有的要方形，有的要图中套图，有的要图中套字，这就要求在拼版时一一解决，以达到版式设计要求。

为了提高晒版、印版的效率和质量，要根据印刷条件拼制大版。即对开印刷拼制成对开版面，三开印刷拼制成三开版面，四开印刷拼制成四开版面等，这样可以避免因原版小，晒版要经多次套晒，往往套晒不准而影响印刷的质量和效率。

综上所述，通过拼版工艺，把所需的各个图像、文字、底纹、花边等，按版式设计要求和印刷条件，拼在一副对开、三开或四开的版面上，这就是拼版的目的（图4-39）。拼版工作随着客户设计的多样化和电子分色工艺的普遍采用而更加复杂，任务更加繁重。因此，必须十分重视拼版工作和推广使用先进的拼版方法。

（5）打样。打样分传统打样和数码打样（图4-40）。随着数码打样技术的不断发展，它在印前打样中占有的比重越来越高，但是却有着先天的不足。如专色和金属色不能准确再现；不能通过打样发现一些印刷中像龟纹、压印等潜在问题；纸张适应性不够好；不易实现正背套版打样等问题。传统打样的优点主要包括以下几点：样版和印刷版的制作工艺较为接近；打样和印刷使用相同的栅格化数据，通过打样可以发现潜在问题，如龟纹、版式和字体等问题；对专色和金属色打样时，对陷印和油墨不透明性的表现良好；张适应性好，印刷所用的纸张印刷打样都可以实现。

（6）加工成型

1）上光。上光是通过印刷机组完成的，因此也可称"印光"。可以使用水性光油，或加装UV干燥系统，使用UV光油。也有配置专用上光装置进行正反两面上光，也可用于不干胶水的涂布作业，连机复合成不干胶印刷成品等。上光涂层比印刷墨层要厚实，以获得较好的光泽或其他效果（图4-41）。上光（印光）材料的品种相当多，选择相适应的光油是提高柔印产品质量的一个主要因素。

2）覆膜。联机覆膜的方式是非常方便而省力的（图4-42）。以前采用较多的是热预涂卷膜，它必须加热才能与承印材料黏合。印刷中卷料膜与承印材料直接进入热压辊而复合成型，完成覆膜工序。另一种覆膜方式是冷预涂卷膜，胶膜类似不干胶带，表面带胶的一层即复合层。它随承印材料一并进入橡胶压力辊即完成覆膜工序，无须其他加热辅助设置。是现在推广的一种联机覆膜方式，它使用方便且成本较低。

3）烫金。柔性版印刷联机烫金需要加装专用烫金装置。如果是连续烫金呈送纸方向的话，它的结构比较简单，只需有恒温控制装置，加热装置，定制烫印辊组合而成。如果是运用间隙式烫印商标、文字，为了不浪费电化铝材料，需要配置跳步式烫金装置，该机构比较复杂而且价格昂贵，目前国内极少采用。由于烫金方式是圆压圆结构，电化铝材料受热压面积为线接对于较大面积的烫金尚有难度。如果需有大面积烫金图案的设计，对于柔性版印刷来讲还不如改变承印材料与印刷工艺，同样可以达到烫金效果。

4）模切成型。柔性版印刷机组上一般配置三组模切工位，前二组可以用于烫金，压痕或压凸、压痕，后一组完成成型或裁切单张（图4-43）。模切刀具在使用中要格外小心，首先它比较沉重，需要将刀具保护起来，由吊装架装入模切工位。其次一组配对的模切辊需上、下辊套准方可落入模切工位，否则极易损伤模切辊。模切刀辊的调节原则是在上、下辊套准之后，压力由轻往重逐渐加压，直至成品刚好切透为止。太大的压力只会减短刀具的寿命。

三、制版稿制作基本要求

1. 分辨率

在电脑辅助包装设计中，插图的绘制有两种主要制作方法，一种是矢量图，如使用Illustrator、Freehand或Coreldraw等软件绘制而成，可以放大许多倍而不会影响图像效果；另一种则是利用扫描或电

图4-40 凹印油墨打样机

图4-41 上光后的印刷品

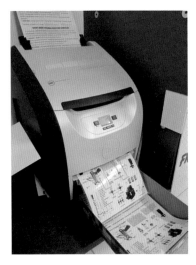

图4-42 小型覆膜机

图4-43 自动模切机

分的图片和插图，或是用Photoshop、Painter等图形处理绘制软件制作的位图图像，位图是由一个个像素构成的，不能像矢量图那样随意放大，所以处理好图像幅面大小和分辨率平衡的关系很重要（图4-44）。

输出分辨率是由长度单位上的像素数量来表示的，分辨率的设置应根据具体设计的需要而定，一般来说，画册和包装等需要在距离人的眼睛2米以内距离观看，至少需要300dpi以上的分辨率，才能展现出精美柔和的连续调。因此在包装制版设计的图像处理中，应当设置合理的输出分辨率，才能达到精美的印刷效果。

2. 色彩输出模式

对于单色印刷品，输出单色软片就可以，但彩色印刷是通过分色输出成洋红、黄、蓝、黑四色胶片进行制版印刷，因此，在图像设计软件中，应将图像设置为与四色印刷相匹配的CMYK四色模式，才能得到所需要的四色分色片。

3. 专色设置

许多包装为了追求主要颜色的墨色饱和艳丽，可以通过设置专门的颜色印版以达到目的。对专版的印色，就要输出专门的分色片，因此在包装制版稿中专色表现，也要相应地设置专色版以便于输出，输出的胶片通常是反映不出色彩的，应附上准确的色标，以便作为打样和印刷过程中的参照依据。

4. 模切版制作

通常在制版稿的制作中，将包装的模切版制作到同一个文件当中，以便于直观地进行检验，这时应专门为模切版设一个图层，分色输出时也专门输出一张单色胶片，以便于模切刀具的制作。模切版绘制的表示方法与纸包装结构图（图4-45）的绘制方法基本相同。

5. "出血"的设置

在制版稿中，包装的底色或图片达到边框的情况下，色块和图片的边缘线应跨出到裁切线以外至少3毫米处，以免印刷成品在裁切加工过程中由于误差而出现白边，影响美观。色块跨出到裁切线以外的边缘线在制版过程中称为"出血线"（图4-46）。

6. 套准线设置

当设计稿需要两色或两色以上的印刷时，就需要制作套准线，套准线通常安排在版面的四角，呈十字形或丁字形，目的是为了印刷时套印准确。所以为了做到套印准确，每一个印版包括模切版的套准线都必须准确地套准叠印在一起，以保证包装印刷制作的标准。

7. 条形码的制版与印刷

商品条码化使商品的发货、进货、库存和销售等物流环节的工作效率大幅度提高。条形码必须做到扫描器能正确识读，对制版与印刷提出了较高的要求。要求印条码的纸张纤维方向与条码方向一致，以减少变化。印出的条色突出、完整、清晰，无明显脱墨，条的边缘整齐，无明显弯曲变形。掌握好印刷压力、水墨平衡，保证细条和数字清晰、墨色实（图4-47）。

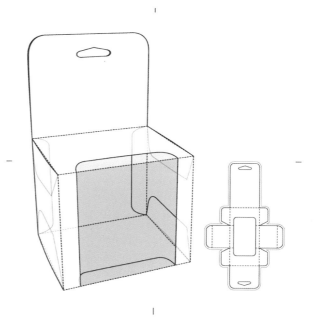

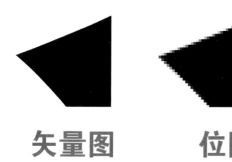

图4-44　矢量图与位图

图4-45　纸包装结构图

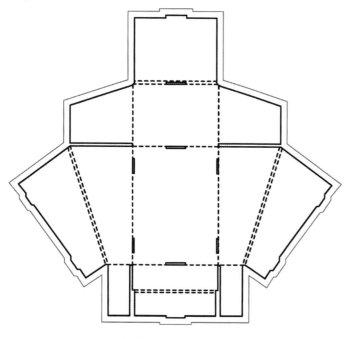

图4-46 包装设计稿的出血

图4-47 条形码

- 补充要点 -

3D打印

3D打印（3D printing），又称加法制造、积层制造（Additive Manufacturing，AM），可指任何打印三维物体的过程。3D打印主要是一个不断添加的过程，在计算机控制下层叠原材料。3D打印的内容可以来源于三维模型或其他电子数据，其打印出的三维物体可以拥有任何形状和几何特征。3D打印机属于工业机器人的一种。

3D打印模型可以使用计算机辅助设计软件包或三维扫描仪生成。手动搜集制作3D图像所需的几何数据过程同雕塑等造型艺术类似。通过3D扫描，可以生成关于真实物体的形状、外表等的电子数据并进行分析。以3D扫描得到的数据为基础，就可以生成被扫描物体的三维电脑模型。无论使用哪种3D建模软件，生成的3D模型（通常为.skp、.dae、.3ds或其他格式）都需要转换成.STL或.OBJ这类打印机可以读取的格式。

使用STL格式文件打印3D模型前需要先进行"流形错误"检查，这一步通常称为"修正"。完成修正后，用户可以用一种名为"slicer"（切片机）的软件功能将STL文件代表的模型转换成一系列薄层，同时生成G代码文件，其中包括针对某种3D打印机（FDM打印机）的定制指令。接下来，用户可以用3D打印客户端软件打印G代码文件，这种客户端软件可以利用加载的G代码指示3D打印机完成打印过程）。

第三节　包装防伪工艺设计

在商品的销售过程中，会遇到假冒伪劣的盗版商品，尤其是一些著名品牌的商品，更是被不法分子大量仿造。针对这一问题，市面上的商品包装运用到了多种防伪技术。

一、纸张防伪

纸张是使用广泛的包装印刷材料，一些采用特殊工艺制造的专用纸基本上都具有防伪功能。

1. 水印纸

在造纸过程中，将商品的标识、图案等植入纸中，利用纤维的特殊分布形成图案，只有对着强光才能看清，是一种行之有效的防伪技术。水印可分为黑、白水印及固定水印、不固定水印、半固定水印等（图4-48）。

2. 有色纤维纸

造纸时在纸浆中加入纤维细丝或彩点制成的具有防伪作用的纸张，掺入纸浆的纤维有彩色纤维和无色荧光纤维两种（图4-49）。

3. 金属线纸

在造纸过程中，将一条金属线或塑料线置于纸张中间，具有显著的防伪效果。根据金属线放置形式不同，可分为开窗式、半开窗式和不开窗式三种（图4-50）。

二、油墨防伪

在油墨中加入特殊性能的防伪材料，经特殊工艺加工而成的印刷油墨，实施简单、成本低、隐蔽性好、色彩鲜艳、检验方便、重现性强。用于包装防伪印刷的防伪油墨主要有紫外荧光油墨（图4-51）、温变油墨、光变油墨及磁性油墨等。

三、多工艺组合防伪

多种印刷设备并用以及多种工艺相互渗透，例如将胶、网、凹、柔、烫印及喷码等工艺组合使用，可使印刷图文更加变幻莫测，丰富多彩，使造假变得非常困难（图4-52）。

四、激光全息图像防伪

激光全息图像防伪能够再现原物的主体形象，还能随视线角度变化再现原物不同侧面的形状，科技含量高、工艺复杂，具有相当高的观赏、装饰和防伪价值。

五、数码防伪标识及电讯识别系统

通过在产品上设置随机密码，将所有入网的产品编码记录存档在防伪数据中心库，消费者可以利用电

图4-48　水印纸

图4-49　有色纤维纸

图4-50　金属线纸

话、网络等工具核对密码，识别产品的真伪，并且对产品销售区域管理和物流管理起到了很好的作用（图4-53）。

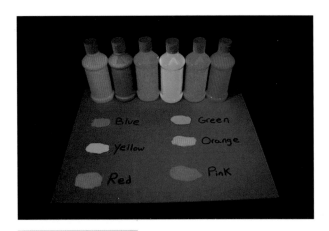

图4-51　紫外荧光油墨

图4-52　多工艺印刷的钱币

六、图案安全设计

图案安全设计的原理在于利用极细小的线和点构成规则或不规则的图案，一般的制图软件无法制作出相类似的花纹图案，即使利用超高精度的扫描仪或制版工艺也不能再现图纹的线条形态。

版纹防伪设计可以在图案中加入可见的数字水印图案，也可对图案条纹进行编码，隐藏部分图案。当解码钥匙板与条纹重合且在一定的位置和角度下才能见到显示出来，形成开锁效果。

对于产销量很大且附加值较低的包装产品，在提供防伪包装设计时，成本不宜过多。高档商品的包装可根据其产品的附加值及市场的需求量等特性，适当增加防伪技术的种类。

图4-53　防伪识别码

课后练习

1. 包装材料主要分哪几类？
2. 四大印刷方式是哪些？
3. 从印刷与包装材料的角度讲，设计师在进行设计时应该注意哪些问题？
4. 根据课本知识，总结各种包装材料的优缺点，制成表格。
5. 思考如何根据产品定位选择包装材料。
6. 思考在为包装设计防伪时，应考虑哪些问题。

第五章
包装造型设计

学习难度：★ ★ ★ ★ ★
重点概念：容器结构、纸盒造型、
结构设计、文化表现

◣ 章节导读

在一个优秀的包装设计作品中，必定有一个科学、合理的包装造型。包装造型作为设计中的一个重要方面，对产品起着尤为重要的作用，不仅在于其吸引眼球那么简单，而是要考虑多方面综合的要素，创意、实用、商业、科学等都对其起着重要作用。其中纸盒因为实用、廉价等优势使用面广泛，所以纸盒造型的设计对于现代包装设计行业中占有很大比重，还有造型不仅是商业的，也是文化的，是现代人与人的情感文化交流的一个重要体现，对此本章将对这些内容进行由浅入深的探讨与学习（图5-1）。

图5-1　包装造型设计

第一节　容器造型

包装造型设计是一门空间立体艺术，以纸、塑料、金属、玻璃、陶瓷等材料为主，利用各种加工工艺创造立体形态。"造型"的概念并非单纯的外形设计，它涉及内容物性质、材料选择、机械性能、人机关系、生产工艺等各种因素，因此，它是一种更为广泛的设计与创造活动。一般来说，包装造型的基本类型包括：瓶式、罐式、筒式、管式、杯式、盘式以及各种盒式等。在容器设计中，包装的造型因素体现得最为突出。设计时应根据具体商品的特定要求，对类型化的样式进行合理的、合目的性的巧妙设计，运用形体语言来表达商品的特性及包装的美感。

一、包装造型的功能性要素

1. 注重保护性

包装由于在储运过程中易受到振动、挤压和碰撞，会有可能对商品造成损伤；此外，某些商品本身具有与众不同的特性，因此，包装的造型设计首先得注重其保护性。如香水的气味容易挥发，一般在进行香水瓶容器设计时体量和口径不宜过大，以降低挥发损耗和使用时控制流量（图5-2）。又如啤酒、香槟等易产生气体而膨胀的液体包装，造型设计时采用圆体的外形比较合适，易于均匀地分散胀力，避免容器的破损。

2. 传达审美性

包装造型的审美性是指包装的造型形象通过人的感官传递给人的一种心理感受，影响人们的思想、陶冶人们的情操。它是人类特有的艺术禀赋和智慧，它来自人类心灵的强烈需求。因此，它受到消费者的极度关注，也引起企业策划者和包装设计师的高度重视。

我国几千年悠久的民族传统文化，已形成独有的东方文化风格，许多传统的包装一直以其优美的造型而深受世人的喜爱。如梅瓶（图5-3），是古代盛装酒水的包装，由于其造型结构特点是细口、短颈、宽肩、收腹、敛足、小底，整体比例修长，形体气势高峭，轮廓分明，刚健挺拔，因而一直延续至今。

在造型设计中，既要注重立体的外表形态，如形体比例、曲直方圆的变化，又要重视表层的装饰美化，如色彩、肌理的处理，还要把握造型中标帖等附件与之的搭配组合。当然，包装造型的美不是"唯美"，它服务于产品，必须建立在产品的功能性及实用性的基础上，才能达到优化设计，取得最佳效果。

3. 体现宜人性

美国设计专家穆勒在《设计二十一世纪的产品》中分析了设计将发生的变化，其中说到"目标：产品设计必须找到自己的路以实现其最终的目标——技术的人性化"。从20世纪50年代末起，美国商业性设计走向衰落，包装设计便更加紧密地与行为学、经济学、生态学、人机工程学、材料学及心理学等现代学科相结合，开始重视设计中的功能性、经济性以及宜人性等因素，从而推动着整个市场的包装设计发展，使设计中的方便性、灵巧性、安全性的考虑完全体现以人为本的思想。

人在进步过程中，不仅要求设计满足基本的功能性，还要从人的生理及心理舒适协调出发，努力追求人和物组成一体的人、机、环境系统的平衡与一致，从而使人获得生理上的舒适感和心理上的愉悦感，这

图5-2　香水瓶

图5-3　梅瓶

图5-4 便于抓握的洗涤用品瓶身

图5-5 展示盒

是现代设计的必然趋势，更是包装造型设计所必须遵循的基本原则。商品性能、用途、使用对象、使用环境等，均应成为包装造型设计的考虑范畴。小到一个盖子，大到整个形体，都要使造型更好地体现宜人性的设计理念（图5-4）。

4. 加强展示性

当20世纪60年代，丁·彼尔蒂史的《沉默的推销员》一书出版，才使人们的观念真正开始改变。人们开始意识到：包装是一种营销工具——或者至少是一种销售工具。包装作为推销员，它担当着沟通企业和消费者的桥梁。产品通过包装后被摆放在货架上，它用无声的语言向消费者诉说：请购买我。而包装造型设计中的展示性是推销成功最捷径的道路。

包装造型中的展示性，是通过造型设计的变化，以期达到将产品直接呈现给消费者，从而更加正面地与消费者沟通，如盒式包装的许多展示盒造型就是强调这种功能（图5-5）。

二、造型的处理

世间万物的根本形态都是由几何形态所构成。当早期的人类从瓜果的形态中获得灵感，塑造出第一个半圆球体状的陶盆容器开始，几何形态就成为最为广泛的容器造型的样式，被确定为造型的基本型。它包括立方体、球体、圆柱体、锥体几种原型，不同的形态带给人不同的感受：立方体厚实端庄，球体饱满浑圆，圆柱体柔和挺拔，锥体稳定灵巧。它们所蕴含的

多样魅力，给予造型设计更广阔的空间。

1. 造型的处理方式

（1）切割法。切割法便是根据构思确定基本几何形态，然后进行平面、曲面、平曲结合切割，从而获得不同形态的造型。同一基本型，切割的切点、大小、角度、深度、数量的不同，其造型也会有很大的差异，因此，要做到反复试验与研究比较，以取得最佳展示效果（图5-6）。

（2）组合法。组合法指基本形体的相加，是两个或两个以上的基本形体，根据造型的形式美法则，使之组合成一个新的整体造型。用基本形组合方式构筑的造型丰富多彩，设计时要注意组合的整体协调，组合的基本形种类不宜过杂、数量不宜过多，否则会使造型变得臃肿、怪诞（图5-7）。

（3）透空法。透空法是对基本型进行穿透式的切割，使整体形态中出现"洞"或"孔"的空间，获

图5-6 切割法处理的造型

图5-7　组合法处理的造型

得一种不对称的形式美感。这种设计多用于大容量、大体积的包装，以实用原则为主，审美原则为辅的方法，打破基本型内部的整体分布，但形体的外轮廓依然给人以线条流畅、简洁明快的统一感觉（图5-8）。

（4）饰线法。饰线法是对造型形体表层施加一些线条，使之产生丰富多变的视觉形态。设计时可以根据实用性和审美性原则，对线的粗细、长短、曲直、疏密、凹凸、数量等加以选择，使之在美化包装形态的同时，又能产生新的肌理，制造不同的质感（图5-9）。

（5）装饰法。装饰法是对造型形体表层附加一些装饰性的图形，渲染整个形体的艺术气氛，增加情感化语义。装饰图形可以具象，亦可以抽象；可以传统，也可以现代。一般采用凹饰、凸饰或凹凸兼饰的手法，有时还施以不同的肌理效果，赋予容器造型神秘和浪漫的色彩（图5-10）。

（6）模拟法。模拟法是以自然界中自然形态或人工形态为设计依据，进行模仿创作，以得到生动有趣的造型。模拟不等于是原版再抄，而应在原来形态的基础上加以概括、提炼，进行艺术性的意象处理，增加造型的感染力（图5-11）。

（7）特异法。特异法是有别于一般常规性的造型处理方法，是对基本型施以弯曲、扭转等非均衡化变形。这种形态变化幅度较大，和普通的基本型反差较强，其夸张的造型符合追求时尚、个性、另类的现代群体需求。设计时要考虑其加工技术和成本价格的参数（图5-12）。

（8）附加法。附加法是指在容器造型本体之外再附加其他的装饰物件，起到画龙点睛的作用，使造型更加丰富多彩。装饰物件包括：印刷的小吊牌、绳结、丝带、金属链等，附件是为主体服务的，选择时要深思熟虑，材料、形状、大小等均要与主体形态达到协调统一（图5-13）。

图5-8　透空法处理的造型　　图5-9　饰线法处理的造型　　图5-10　装饰法处理的造型

图5-11　模拟法处理的造型

图5-12　特异法处理的造型

图5-13　附加法处理的造型

2. 包装容器造型的设计制图与制模

包装容器造型设计的制图与制模是容器造型能够准确进行生产和加工的依据。造型制图包括正视图、侧视图、俯视图、轴侧图。制图可通过计算机或手绘完成，要严格按照比例制作。造型制模可采用石膏、木材、PVC等材料。

三、包装结构

包装的造型设计不是孤立的，它必须与结构设计相互协调，它们之间的关系就如同建筑中的外观造型必须受框架结构所制约一样，如果非机能产生的形态，便违反了有机建筑的理想。

包装结构是指包装的不同部位或单元形之间相互的构成关系。包装结构设计是从包装的保护性、方便性、复用性等基本功能和生产实际条件出发，科学地对包装内、外结构进行优化设计，因此，更加侧重技术性、物理性的使用效应。它伴随着新材料和新技术

的进步而变化、发展，达到更加合理、适用、美观的效果。

包装结构设计包括固定式与活动式两类。固定式指造型部位或材料之间的相互扣合、镶嵌、粘接等组合形式，以富有变化和极其巧妙的特点来表达结构设计的技术美和形式美。活动式主要指容器的盖部结构，这也是包装结构设计中最关键的部分。

1. 盖部的结构形式

（1）螺纹旋转式盖。螺纹旋转式盖是以连续螺纹旋转扣紧，盖内另加衬垫物，是最常见的一种盖形（图5-14）。

（2）凸纹式盖。凸纹式盖是盖内沿有凸纹，从容器口部外侧非连续螺纹空缺处旋入。其螺纹转数对应于旋转式盖。在罐头和食品容器设计中采用较多（图5-15）。

（3）摩擦盖。盖的本身无螺纹或凸纹，内侧有一层弹性垫圈，盖上容器口以垫圈包住容器口部形成密封。多用于化学和医药品容器包装中（图5-16）。

图5-14　螺纹旋转式盖

图5-15　凸纹式盖

图5-16　摩擦盖

（4）机轨式盖。是用延展性强的薄铝在容器口部加以机械轨而成，类似旋式转盖。多用于医药容器包装中（图5-17）。

（5）扭断式盖。这是机轨式盖的发展形式，盖下部有一圈齿孔，使用时扭断盖子而沿齿孔断开可旋下盖部。广泛用于酒类、医药及食品容器设计中（图5-18）。

（6）撕裂式盖。类似扭断式盖，盖下部有两圈齿孔，使用时只需撕开两齿孔中间部分，盖部自然脱落。在医药及食品容器设计中广泛应用（图5-19）。

（7）易开式盖。在盖部设计一个可翻和可拉的结构，并打上一圈齿孔，使用时只要把可拉结构翻过来，沿齿孔方向拉开，就可打开盖部。如许多饮料及罐头的盖部设计多用此结构（图5-20）。

（8）冠帽式盖。此盖沿边缘压制一圈齿形扣边，扣住容器口部凸边，盖口也有衬垫，形如冠帽。比如啤酒瓶和香槟酒的瓶盖（图5-21）。

（9）障碍式盖。是一种针对儿童安全的新式设计，它依靠智慧而不是力量来开启，这种盖需要在旋转的同时按压瓶盖，才可以开启。多用于药品及保健品的包装容器，这样可以防止儿童擅自开启发生意外（图5-22）。

此外，在这些结构上发展了一些复合结构，一般包括多层盖、喷雾盖、带柄盖、带孔盖、带管盖、配套盖等。

2. 包装的结构设计原则

（1）保护性。每件产品均有各自的性质、形状和重量，此外从产品演变成商品，离不开包装、装卸、运输、储存和销售一系列过程。因此，在进行包装结构设计时，应考虑包装结构对产品所起的保护作用，如强度是否达标；封口是否合理；抗阻是否有效，等等，以便安全地完成销售任务（图5-23）。

（2）便利性。科学的结构设计是新材料与新工艺的巧妙结合，不仅对制造工艺有所要求，更从拉、按、拧、盖等结构上力求最大程度满足人体功能的要

图5-17 机轨式盖

图5-18 扭断式盖

图5-19 撕裂式盖

图5-20 易开式盖

图5-21 冠帽式盖

图5-22 障碍式盖

图5-23 油漆桶的包装

图5-24 带有提手的包装袋

图5-25 可折叠纸盒

求，如在瓶盖周边设计一些凸起的点或线条，可以增加摩擦力以便于开启；喷雾式盖只需稍稍用力撅压便能使液体喷出。一个设计巧妙的提手和适用的盖子，不仅使包装变得方便受用，还会直接影响到人们的生活方式，增加轻松、愉快的情绪（图5-24）。

（3）经济性。由于结构设计离不开对材料的选择和新技术的利用，因此包装结构设计还须考虑经济性原则，力求最大限度地降低成本。如纸制品包装中，由一张纸板所制成的可折叠纸盒，是包装结构设计史上的一场革命，其巧妙的结构设计，不仅降低了耗材成本，也降低了运输、仓储等流通成本，是包装结构设计中以经济性为原则的典型体现（图5-25）。

- 补充要点 -

不同形状的酒瓶

工艺酒瓶造型设计是一门空间艺术，是用各种不同的材料和加工手段在空间创造立体的形象。玻璃工艺酒瓶的外表可以让别人领略到中国酒文化的艺术价值。

1. 方形玻璃酒瓶。瓶身截面为方形，这种瓶强度较圆瓶低，且制造较难，故运用较少，另外方形瓶不易手握，不小心还会划手。玻璃板材的检验：外观质量首先观察平坦度，看有无气泡、掺和物、划伤、线道和雾斑等质量缺陷，存在此类缺陷的玻璃，在运用中会发生变形，会降低玻璃的透明度、机械强度和玻璃的热稳定性，工程上不宜选用。由于玻璃是透明物体，在遴选时经由目测，基本就能区分出质量。

2. 圆形玻璃酒瓶。瓶身截面为圆形，是玻璃瓶中运用最遍及的瓶型，这种瓶型强度高，契合人们的运用习惯。

3. 空心玻璃砖的外观质量不容许有裂纹，玻璃坯体中不容许有欠透明的未熔融物，不容许两个玻璃体之间的熔接及胶接不良。玻璃砖的大面外表面里凹应小于1毫米，外凸应小于2毫米，重量应契合质量标准，无表面翘曲及缺口、毛刺等质量缺陷，角度要平直。目测砖体不应有波纹、气泡及玻璃坯体中的不均质所发生的层状条纹。瓶体与盖的密封性：这就要看瓶盖垫片的功劳了，瓶盖垫片在瓶盖和玻璃酒瓶之间，首先要起到密封的效果。

4. 卵形玻璃酒瓶。截面为椭圆，虽容量较小，但外形讨巧，用户也很喜好。

5. 玻璃酒瓶分为高白、晶白、普白还有乳白瓶和五颜六色瓶，什么样的酒选用什么样的瓶，比如茅台大多用乳白酒瓶，白酒用透明玻璃酒瓶，啤酒则用带色的瓶子。

6. 曲线形工艺酒瓶。截面虽为圆形，但纵向造型却为曲线，有内凹和外凸两种，如花瓶式、葫芦式等，造型别致，很受用户欢迎，比如可口可乐的曲线瓶，曾经成为一个经典，而且为可口可乐打开市场作出了不小贡献。

第二节　纸盒造型

一、纸盒设计的基本概念和发展状况

纸盒结构包装是日常生活中最为常见的包装，大多数纸盒包装如食品、药品、牙膏、胶卷等都采用折叠纸盒包装。它的特点是在成型过程中，盒盖和盒底都需要摇翼折叠组装固定或封口，而且大多为单体结构，在盒子侧面有粘口，纸盒基本为四边形，也可在此基础上拓展为多边形（图5-26）。纸盒包装的结构设计是保护商品、促进销售的重要环节，紧跟时代的发展，利用最新的材料技术，创造适应社会需求的完美设计是纸盒包装结构设计的基本出发点。在众多的商品包装中，纸盒作为常用包装样式不仅有着悠久的历史，而且占有相当大的比重。纸盒作为基本包装样式之所以有如此大的发展潜力，是因为它有着其他材料无法比拟的性能，可以满足各类商品的要求。例如便于废弃与再生的性能，印刷加工性能，遮光保护性能，以及良好的生产性能和复合加工性能（图5-27）。社会的发展，新产品的繁荣，对纸盒包装结构形态不断提出新的要求。

二、纸盒结构设计的目的和意义

进一步了解纸盒包装与工艺的关系，如加工性、经济性、展示性等，从而对包装盒的形态设计运用自如。同时要知道构成包装盒形态的重要环节是立体造型，它与平面视觉设计相映成趣，形成一个整体。纸盒是包装立体造型体现的重要方面，作为设计师所要解决的主要问题是纸盒形态与结构的关系，特色的外观及生产、销售的合理性，符合印刷工艺的要求、保护商品、便利运输、使用方便等。

图5-26　纸盒展开图

图5-27　多重加工的纸盒

三、纸盒结构设计的要点

1. 包装形态与结构设计的关系

设计表现方面，目前大多数设计师热衷于用计算机绘制设计效果图，而不重视设计草图与模型工艺的分析与研究。虽然从效果上看，计算机绘制表现的色彩与光影优于手工绘制，包装形态在一定层面上看来具有良好的视觉效果，但是，由于自身基础与动手能力的薄弱，最终导致学生的许多包装设计作品"有形态、无结构"，结构或是不合理，设计表现经不起推敲。因此在进行包装形态的设计过程中，要充分考虑结构和形态的结合（图5-28）。

2. 包装功能与结构设计的关系

目前大多数产品的包装一味追求造型结构的别样与烦琐、材料的特殊与奇特、印刷工艺的奢侈与华丽，而往往忽视了包装的最基本功能，导致包装的哗众取宠缺乏起码的实用功能，造成较为严重的资源浪费。因此在包装结构设计过程中应立足于包装的功能性（图5-29）。

3. 包装结构设计的技术与艺术问题

在进行包装结构设计的过程中，经常为达到完美的视觉效果，体现包装自身的艺术特征，往往会受到来自技术方面的制约，使得包装的结构形态无法与设计师的理想初衷达成一致，因而我们必须在限制中实现技术与艺术的高度统一、合理融合的最佳状态（图5-30）。

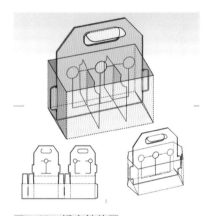
图5-28　纸盒结构图

图5-29　功能独特的纸盒

图5-30　现代简洁主义设计风格

四、纸盒结构设计

1. 折叠纸盒结构设计

（1）折叠纸盒的盒盖设计

1）摇盖插入式。其盒盖有3个摇盖部分，主盖有伸长出的插舌，以便插入盒体起封闭作用。设计时应该注意摇盖的咬合关系（图5-31）。

2）锁口式。这种结构通过正背、两个面的摇盖相互产生插接锁合，使封口比较牢固，但组装和开启比较麻烦（图5-32）。

3）插锁式。是插接与锁合相结合的一种方式，结构比摇盖插入式更为牢固（图5-33）。

4）双保险式。双盖双保险插入式这种结构使摇盖受到双重的咬合，非常牢固，而且摇盖与盖舌的咬合口可以省去，便于重复开启和使用（图5-34）。

5）粘合封口式。这种粘合的方法封闭性好，适合自动化机器生产，但不能重复开启。主要适合于包装粉状、粒状的商品，如洗衣粉、谷类食品等（图5-35）。

6）连续摇翼窝进式。这种锁合方式造型优美，极具装饰性，但手工组装和开启比较麻烦，适用于礼品包装（图5-36）。

7）弹性封口式。利用纸张的弹性制作纸盒时，把盒子的边缘做弧线处理，这样既可以获得美观的外形，又能使盒子成型方便。例如美国麦当劳的食品包装盒，盒子分成两部分，上下之间利用纸张的弹性，

图5-31 摇盖插入式

图5-32 锁口式

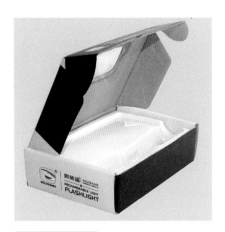

图5-33 插锁式

图5-34 双保险式

图5-35 粘合封口式

图5-36 连续摇翼窝进式

可以拉起也可以按下，增加了趣味性（图5-37）。

8）一次性防伪式。这种结构的特点是利用齿状裁切线，在消费者开启包装的同时，使包装结构得到破坏，防止有人再次利用包装进行仿冒活动。例如现在的胶卷包装就是采用这种开启方式（图5-38）。

9）压力式。将摇盖设计成弧形，利用纸在折叠过程中产生的压力，使纸的摇盖部分环环相扣，互相压制而形成。这种包装成型复杂，组合并不十分牢固，一般只用于化妆品和工艺品的包装（图5-39）。

10）POP式。POP的意思是售卖的广告宣传，是一种广告宣传与商品销售相结合的促销形式。

（2）折叠纸盒的盒底结构

1）别插式锁底。利用管式纸盒的盒底部的4个摇翼部分，通过设计而使它们产生相互咬合的关系，这种咬合通过"别"与"插"两个步骤来完成。其组装简便，有一定的承重力，应用较为普遍（图5-40）。

2）自动锁底。采用了预粘的方法，但粘接后仍然能够压平，使用时只要撑开盒体，盒底就会自动恢

图5-37 弹性封口式

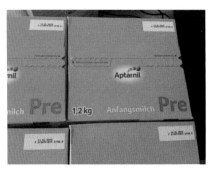

图5-38 一次性防伪式

图5-39 压力式

图5-40　别插式锁底

图5-41　自动锁底

图5-42　间壁封底式

复到缩合状态，使用极为方便，省事省工，并具有一定的承重力，适合于自动化生产（图5-41）。

3）间壁封底式。间壁封底式结构是将管式结构盒的4个摇翼设计成具有间隔能力的结构，组装后在盒体内部会形成间壁，从而有效地分隔固定商品，起到良好的保护作用。其间壁与盒身为一体，可有效地节约成本，而且纸盒抗压性较高（图5-42）。

2. 盘式纸盒结构设计

盘式纸盒结构是由纸板四周进行咬合、折叠、插接或粘合而成型的纸盒结构。这种结构一般盒底没有什么变化，变化主要在盒身部分。盘式纸盒一般高度较小，开启后展示面积较大，多用于包装纺织品、服装、鞋帽、工艺品等（图5-43）。

盘式纸盒的成型方法有：别插组装（没有粘合和锁合，使用简便）、锁合组装、预粘式组装。

3. 手提式纸盒结构设计

手提式纸盒的使用材料一般为小瓦楞裱铜版纸，制作时附有摇盖，可紧扣，便于手提，盒子成型后底部粘牢，可向内弯曲折叠，减少堆放体积。形状有长、扁等，多用于食品饮料类、酒类、小家电制品等商品（图5-44）。

4. 抽屉式纸盒结构设计

盒体多为扁方形，类似火柴盒。盒子的两端都能开启，多用于文教用品的包装（图5-45）。

5. 联体式纸盒结构设计

这一类包装用整纸制成，具有两个或更多的空间容物，这是摇盖纸盒派生的新形态。

6. 书本式纸盒结构设计

纸盒开启的形式像一本精装图书，摇盖通常没有插接咬合，而是通过附件来完成固定，多用于录像带、巧克力等包装（图5-46）。

7. 手提袋结构设计

手提袋在今天的商品销售中普遍使用，它不仅使消费者便于携带商品，而且其本身就是一个流动性的广告宣传媒体。目前市场上以塑料、纸质的手提袋为主（图5-47）。

8. 特殊纸盒结构设计

主要包括：异形纸盒结构设计、拟态象形结构设计、开窗式结构设计、易开式结构设计、侧出口式结构设计等（图5-48）。

图5-43　盘式纸盒

图5-44　手提式纸盒

图5-45　抽屉式纸盒

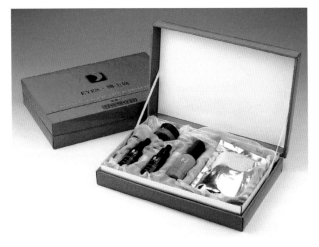

图5-46 书本式纸盒

图5-47 手提袋

（a）

（b）

图5-48 特殊纸盒

- 补充要点 -

纸盒包装技术

1. 内部结构的包装。内部结构需要根据商品的大小以及商品的性能进行设计，如果商品属于易碎物品，那么纸盒的内部就要加厚加宽，留出多余的空间进行再一步的设计，可以装入海绵等柔软的物品，也可以是纸盒的内部凸出一些，这样在受挤压的情况下可以使商品有一个缓冲的空间。

2. 外部包装。外部包装主要注重设计，要根据商品设计出一套独特的方案，让消费者一目了然，让商品独特之处尽收眼底，不用拆开包装，就能知道商品的全部。

3. 纸盒的处理。纸盒的处理很简单，但是很重要，处理恰到好处，可以提高商品的档次，纸的选用也是很重要的，可以根据商品的不同进行不同的处理。

第三节　造型上的文化表现

世界上的每个民族有着不同的民族文化，包装设计能够反映出民族的心理特征和文化观念。例如德国设计的科学严谨、日本设计的灵巧、细腻和新颖，法国设计的优雅浪漫等。将传统与现代相结合，民族性与国际性相结合，是优秀包装设计的重要特征之一。

民族文化来源于传统，但绝非一成不变。应该以发展的眼光来看待传统文化的继承问题，要取其精华，去其糟粕，吸收优秀的外来文化，以继承为根本，以超越为发展方向，使民族文化不断更新和发展。

包装设计作为现代社会文化极具特点的表现形式之一，既是传统文化的一部分，也是文化的物质载体。传统是指历史延传下来的思想、文化、道德、艺术、制度、行为方式等，民族文化则是传统文化的重要组成部分。

具有强烈地方性和民族特色的事物，对人的吸引力极强。例如我国的包装设计经常使用中国结、长城等元素（图5-49），日本的包装设计则常使用樱花、富士山（图5-50），法国的包装设计使用埃菲尔铁塔等（图5-51），都是民族文化的体现。这些具有明显地方特色的包装更容易引起消费者的关注和喜爱。

图5-49　中国包装设计

图5-50　日本包装设计

图5-51　法国包装设计

一、传统化包装

不同民族、不同地域有着各自不同的生活习惯和文化背景，经过相当长的历史发展阶段，逐渐形成了精彩纷呈、各具特色的传统艺术样式。传统艺术不仅形式丰富，而且还蕴藏着深刻的文化内涵，体现了各民族的风俗习惯、情感心理和审美情趣。在现代包装设计中，传统艺术时常被设计师所借用，它成为高信息、高科技时代不可或缺的包装风格。因为当人们身不由己的置身于工业文明产品理性而冰冷的世界里，更需要自然、温馨，而传统艺术有如一泓清泉，给人枯涸的精神以滋润，让人疲惫的心灵得净化。

1. 传统化包装的设计方法

传统化包装设计不等于简单地将传统的材料、图形做机械的复制和拼凑，而是切合商品内涵，借用某些具有象征意义的传统艺术元素来表达某种意趣和情感；或是将传统的设计手法渗透进现代包装设计之中，体现出一种精神和理念。

（1）利用传统材料。传统化包装的材料选择，多是低廉朴素、随处可见的自然物质，如木、竹、土、石、棉、麻、草以及普通的纸和布料等，外表看着粗糙不精，但在制作的过程中始终包含着民众对材料的认识和开发利用，因此具有鲜明的个性特征。与大工业生产所带给人们的精制、严谨的包装材料相比，传统包装材料则体现出轻松、质朴的感觉，使人能从中获取大自然的气息，与当今人们崇尚自然的心态不谋而合，与现代包装所提倡的"绿色革命"更是同出一辙（图5-52）。

由于地域的差异，各地的地理状况及气候不同，自然界的物产也能给人们以地域信息的传达。我们在设计时就应尽量考虑采取包装对象的产地所应该大量出产的自然包装材料，以利于产品地域信息的准确表现。

在对自然材料的改造中，编织、拼贴、雕琢等方法的运用形成了许多精美别致的图案，这都是现代包装所要珍惜的宝贵财富。如竹子，在我国是运用较多的传统包装材料，包装种类有竹盒、竹筐、竹篓等，并能被编织出漂亮的图案。现代包装里有许多土特产，甚至节庆礼品都依然选用竹材包装，形成了独特

的风味（图5-53、图5-54）。

（2）借用传统图形。传统图形往往是一个地区、一个民族的文化观念的体现，是文化观念的一种物化形式和传播载体，它有着丰富的内涵特征，这个特征与现代包装设计中所寻求的形式语汇十分吻合，也是传统图形在现代包装设计中被再发现、再利用、再创造的契合点。

在传统图形与现代包装的结合上，同属东方民族的日本可谓独树一帜，既保持着浓郁的东方风情和日本民族的传统特色，又融合了现代审美观念，赋予传统图形新的活力（图5-55）。中国的传统图形更是种类繁多，千姿百态。最为突出的特点是有许多图形将美好的形象与群众的理想愿望相结合，表达了人生的吉祥愿望和乐观情感，把这些寓意美好的图形运用在包装上，重组、出新，定会深受消费者的喜爱（图5-56）。

图5-52　木制包装的工具箱

图5-53　竹编的包

图5-54　土特产包装

图5-55　传统与现代融合的日本产品包装

图5-56　寓意美好图形的运用

（3）巧用传统色彩。每个民族和地区因社会环境、行为方式、生活习惯的差异，导致了对色彩情感和理解的不同，这样便形成了各自的传统色彩。传统色彩在某种程度上既是一个物理性的视觉结构，更是一个精神性的情感结构。我国的传统色彩以红色为主，它所体现的文化意识是神圣的，也是美好的。所谓"红红绿绿，图个吉利"，简单明了的概括了红色的含义（图5-57）。黄色也是深受人们喜欢的色彩，是仅次于红色的散发中国气息的颜色。民间设色有句口诀："红靠黄，亮晃晃。"所以，这两种暖色系的搭配，反映出更强烈的喜庆之感，在中国现代礼品包装中仍为主要用色（图5-58）。传统的色彩，只要我们善加运用，无疑有利于商机。

2. 传统化包装的设计原则

（1）形式与内容的统一。尽管传统化包装的优势很多，但并不等于所有的商品都要采用传统化包装。该不该用、如何运用要完全依靠商品的属性。只有做到形式与内容的统一，才能使传统文化与现代商业设计真正融为一体（图5-59）。

此外，在传统化包装设计中，所选取的传统艺术元素应尽可能地做到与商品有着较密切的有机联系，这种联系越紧密，传达给消费者的商品信息就越准确、越强烈，给消费者的感受也越自然。

（2）历史性与时代性的统一。虽说传统是人类历史和文化长期发展过程中的积淀，但毕竟传统就是昨天、就是过去。尽管在现代工业社会的大背景下人们追求和向往过去的时光和情感，但生活习惯、思想感情和审美情趣已经发生了很大的变化，如果不顾现代社会的变化和人们新的审美需求，对传统艺术元素做简单的、机械的复制或拼凑，肯定收不到良好的效果。

运用时只有将传统的设计手法渗透到现代包装设计之中，既传达出传统艺术的神韵，又具有时代精神的风采，才能使民族化的气质和理念完好地渗入到商业文化之中，让传统化包装达到历史性与时代性的完美统一（图5-60）。

（3）民族性与世界性的统一。"传统"一词意味着鲜明的地域性和民族性。但现代商品所针对的消费群体并非一个地区、一个民族。随着国际贸易的发展，许多商品的销售目标可能是好几个国家，甚至是全球范围。而传统文化由于受区域性的限制，如果不加改造的生搬硬套，就很难被其他国家和民族的人们所理解。设计时应将传统艺术的素材按现代设计观念转化，并透过现代设计的表现手法，呈现出符合商业设计上需要的主题风貌，从而使这些素材在运用上能跳出地域性的局限，突破国界、民族的隔阂，引起世人的共鸣（图5-61）。

二、礼品包装

常言"礼尚往来"，这是人类社会真诚和友好的体现，这种体现离不开礼品。礼品是一种美好情感的精神载体，是友谊和情感交流的纽带，表达了人们对人性的颂扬，对道德的态度，对美的追求，对诚的注

图5-57　红绿搭配的产品包装

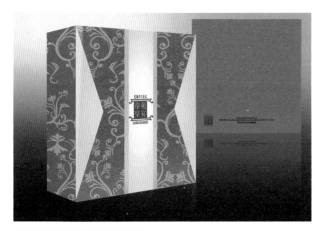

图5-58　红黄搭配的包装

图5-59 酱油包装

图5-60 零食包装

图5-61 饮料包装

释。正因如此，礼品成为古往今来的重要商品，它所体现的精神价值远远超过商品本身的物质价值，而作为礼品的包装当然起着举足轻重的作用。

礼品包装是指为满足消费者在社会交际中，对表示心意而馈赠的礼品所进行的特别包装。礼品包装是现代包装体系中的一个重要组成部分，如何在包装的图文、材质、结构等各个方面显示出礼品应有的礼节性、身价感，是设计师需要思考和研究的重要课题。

1. 礼品包装的类型

（1）商场销售性礼品包装。即商场里某些定位在馈赠礼仪中的商品包装。在设计上强调一定的文化意识，风格上体现高雅、华贵，追求个性化的展示效果，激起顾客的购买欲望（图5-62）。

（2）馈赠纪念性礼品包装。指工商企业和社会团体在经济与文化交流活动中，用于免费赠送性礼品的包装。其目的在于通过礼品联络感情，扩大本企业或团体的社会影响，以利发展。因此，礼品包装上多强调送礼单位的企业视觉形象，或该单位所想传达的文化精神（图5-63）。

（3）通用装饰性礼品包装。是指普通商品为满足消费者的送礼要求，而进行的礼品化再包装。主要是按原装物形态，通过各种装饰性材料，以彩带或绳结包扎商品，还可配以各式花结、吊牌、贺卡等辅助品，形成亮丽、雅致的礼品效果（图5-64）。

2. 礼品包装设计要点

（1）体现高档性。礼品作为馈赠物品，既表达被馈赠者的尊贵，也体现馈赠者的身份，因此，礼品包装应注重包装的形态和材料。现代的包装材料已从过去的天然材料发展到合成材料，由单一材料至复合材料，大大丰富了对包装材料的选择。礼品包装材料的种类很多。其中用得最广泛的便是纸材。仅通用装饰性礼品包装纸材就有铜版纸(印花包装纸)、铝箔纸、棉纸、皱纹纸、云龙纸、透明纸、美术纸、丹迪纸、西卡纸、双色卡纸等，各种纸材又有不同的质感、弹性、柔软度、韧性和防水等特点。当然，也有许多礼品包装还喜欢选择其他材料，比如金属材料，因为它挺括、光泽，具有金、银器般的贵重感，且利于加工造型和印刷，还利于反复使用而被广泛地应用于礼品包装上（图5-65）。

包装材料中，如何选择合适的材料来体现礼品包

图5-62 销售性礼品包装

图5-63 馈赠纪念性礼品包装

图5-64 通用装饰性礼品包装

装的高档性，是非常重要的。高档次的材料不一定都能体现礼品的高档性，这要看是否用得恰到好处，否则就成了俗气；反之，低档次的材料也不一定不能体现礼品高档性，运用适当，既有特色也会具有高档感。不同的礼品应该选择合适的材料，才能将礼品包装发挥得淋漓尽致（图5-66）。

（2）具有针对性。礼品包装一般多用于节、庆、婚、寿、访亲、慰问等场合，在其包装设计上应突出针对性，并体现各类不同礼品的特殊性及用途。

如中秋佳节的月饼礼盒包装，除了选取高档材料做包装外，还应注意其针对性。中秋佳节是中国人的传统节日，因此所用的手法哪怕再现代、再西化，但包装所传达的语言必须具有中华民族文化的特色，而这些特色则从包装的造型、图案、字体、色彩等方面充分体现出来。如许多图案都有花好月圆的感觉，色彩也多是红色或金色系，这些都为节庆里的人们所喜好（图5-67）。再如圣诞节到了，许多礼品包装出现与圣诞节相联系的一些形象，如圣诞老人、小雪人、圣诞树等，以此烘托节日的气氛（图5-68）。

礼品是用来送亲人朋友的，当然应针对不同的对象。性别不同，年龄不同，其喜好也必然不同。如为男性设计的礼品包装应该突出阳刚之气；而为女性所设计的包装则应体现阴柔之感；为儿童设计的礼品包装应该有天真活泼的特点，如卡通图案，红、黄、蓝等纯度较高的色彩，都比较受小朋友的喜欢；为青年朋友设计的礼品包装则应具有时尚、朝气感；为老年人设计的礼品包装则应沉着、典雅，有深度，如一些为老年人设计的礼品包装则应注意这一点，过于花哨反而不受老年人的喜欢（图5-69）。

（3）强调情调性。送礼本身就是传情，礼品包装往往是传情的使者，是一种情感交流的纽带。因此礼品包装不可忽视情调性。情调性既可在包装的色彩、文字、图形中得以体现，也可在包装的造型上加以表达。如一个心形，传递温馨、浪漫（图5-70）；一个卡通动物形，传递欢快、愉悦；还有仿古造型，传递淳朴、怀旧，等等。以情感人，是现代礼品包装设计的非常策略（图5-71）。

（4）显示特色性。不同的礼品产自不同的地方，

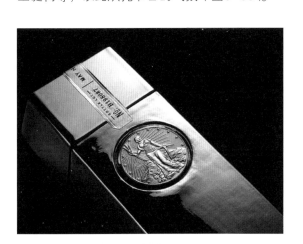

图5-65 运用金属材料的包装

图5-66 化妆品包装

图5-67 月饼包装

图5-68 节日时期的商品包装

图5-69 老年饼干包装

因此礼品包装应强调设计创意，突出民族或地方风格，体现具有文化品位的个性特点，拉开了与同类产品的距离，创造出强烈的个性与地域特色，赢得市场（图5-72）。

在科学文化高度发展的今天，礼品包装拥有广泛的市场，与各民族各国的交往更加频繁，要开拓世界市场，就更应该深入研究这种礼仪文化的精神风尚，让包装与时代同步，不断展示出新的姿态。

图5-70　心型包装盒

图5-71　包装上可爱的熊猫造型

（a）

（b）

图5-72　具有民族地域特色的包装

课后练习

1. 在进行容器造型设计时，要注意哪些要素？
2. 进行造型设计有哪些方法？
3. 包装造型设计与结构设计之间是一种怎样的关系？
4. 思考优秀的纸盒设计具备哪些特点？
5. 在纸板上完成任1种纸盒的草图设计，并且裁切、粘黏成型。
6. 思考要适应未来的科技社会，中国传统风格包装应该怎样应对？

第六章
系列产品的包装设计

学习难度：★★★★★

重点概念：系列包装、品牌创建、设计策略、设计要点

≺ 章节导读

　　系列化包装设计能够使同一企业不同种类或同一种类不同品种的商品，成为具有统一性的商品体系，形成强烈的视觉阵容。它不仅吸引消费者的关注，更使消费者感受到品牌的力量。如何运用系列化包装设计为企业谋求更大化利益，如何进行系列化包装设计，本章我们将一起走进产品系列化包装的世界，探索其中的奥秘（图6-1）。

图6-1　系列化包装

第一节　系列化包装的基本概念

一、系列化包装的概念

系列化包装又叫"家族式"包装。它是针对企业的同类产品，以商标为主体，将同一商标统辖下的所有商品，在形象、色彩、图案和文字等方面采取共同性设计，使之与竞争企业的商品产生差异，更易识别。

它是以一个企业或一个商标、牌名的不同种类的产品用一种共性特征来统一的设计，可用特殊的包装造型特点、形体、色调、图案、标识等，形成一种统一的视觉形象。

二、系列化包装的成因

系列化包装的出现绝非偶然，它的必然趋势是为人民的生活带来便利，更为市场的繁荣起到了促进作用。

1. 市场的繁荣

20世纪初美国的经济繁荣，中产阶级日益壮大。尤其是二战使西欧各国遭到严重削弱，美国因远离战场，而大力拓展世界市场。到50年代中期，全世界一半以上的商品是美国生产的，美国市场的繁荣导致全世界第一个超级市场诞生。大型购物中心和超级市场的发展，进一步刺激了产品需求。其中最为典型的就是食品需求量的急剧增长，人们对食品消费需求向多样化、多量化、特色化的方向发展。

各大商家纷纷拓展食品运作规模，知名的产品如箭牌（图6-2）、桂格、淳果篮（图6-3）等，其产品种类的多样化，使其大踏步向系列化包装迈进。

20世纪80年代，几乎是世界范围内出现了经济繁荣的热闹景象，其中包括中国。在普通的超级市场内，货架上排满了数万件各式各样的产品，你会轻易地发现80%都是系列化包装（图6-4）。

2. 品牌竞争的影响

品牌是产品推广中不可低估的卖点，它可以通过包装展示其独特的竞争优势。而包装设计的主要责任就是品牌推广，并使之在零售货架上占据显赫位置。当旗帜鲜明的品牌名称出现在同类产品的一系列包装上，无疑已经起到了同一性。系列化包装强调了商品群的整体面貌，是树立企业品牌形象、获取品牌竞争优势的有效手段（图6-5）。

3. 包装技术的进步

20世纪是人类科技飞速进步的时期，应用最新科学技术成果，革新包装生产技术促进了包装经济的稳定发展。科学技术中所包含的工程技术和包装材料创新等对包装的影响最为重要。材料的创新主要体现在金属铝箔材料和各类塑料的研发；工程技术的革新给包装技术，制版印刷技术等带来革命性的变化，并影响了包装设计的形式转变（图6-6）。

图6-2　箭牌口香糖

图6-3　淳果篮糖果

图6-4　超级市场内的商品

图6-5　货架上的品牌竞争

图6-6　精致印刷的香水包装

三、系列化包装的竞争优势

1. 有利于形成品牌效应

系列化包装以商品群的整体面貌出现，声势宏大，个性鲜明，有着压倒单体商品的视觉冲击力。即使被超市陈列在较差的视域区，这种群化阵容仍然能够吸引消费者对商品的关注度，快捷、强烈地传达商品信息（图6-7）。与此同时，消费者通过反复出现的品牌视觉形象，将对其产生较为深刻的印象。系列化包装增加了品牌的认知度，加强了与其他同类产品的竞争力。

2. 有利于扩大销售

经过系列化包装后的产品可以作为一个销售单元进行整体销售，价格与单个产品比较会相对便宜。这不仅可以吸引更多的消费者，而且当其某一项产品获得消费者认可，就可能引发对该系列其他产品的信任，引起重复消费行为，乃至延伸到整个系列的所有产品（图6-8）。

3. 有利于降低成本

包装成本是指企业为完成货物包装业务而发生的全部费用，包括包装材料费用、包装技术费用、包装的人工费用等。系列化包装大多使用同一容器、同一生产线，大大降低了生产成本。

图6-7　显眼的巧克力系列包装

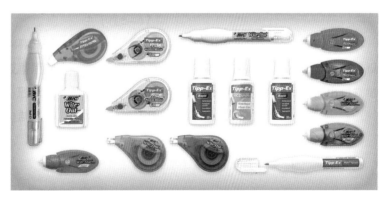

图6-8　文具套装

第二节　系列化包装设计与品牌创建

系列化包装设计是品牌形象塑造、品牌个性的表现。知晓品牌的基本概念，了解品牌的塑造方式，掌握品牌的标识设计等，将指导设计师用系列化包装打造品牌，为营销沟通提供更为直接、更为有效的途径。

系列化包装是产品的保护物、宣传物。对于消费者来说，品牌和系列化包装几乎是紧密联系，不分彼此。

通过系列化包装庞大的视觉传播元素，直接塑造着品牌的形象，并在消费者和产品之间建立了一种联系。

世界十大知名化妆品品牌，无论是香奈儿、兰蔻（图6-9），还是伊丽莎白·雅顿（图6-10）、克里斯汀·迪奥或是雅诗兰黛、资生堂等，其产品包装几乎全以系列化出现，以满足消费者的多样需求。

图6-9　兰蔻系列包装

图6-10　伊丽莎白雅顿包装

一、品牌的概念

1. 品牌的内涵及价值

何谓"品牌"，用《营销术语词典》（*Dictionary of Marketing Terms*，1998）中的定义是："品牌是指用以识别一个（或一群）卖主的商品或劳务的名称、术语、记号、象征或设计及其组合，并用以区分一个（或一群）卖主和竞争者。"

1955年，大卫·奥格威谈及对品牌的独特看法："品牌是一种错综复杂的象征。它是品牌属性、名称、包装、价格、历史、声誉、广告方式的无形总和。品牌同时也因消费者对其使用的印象，以及自身的经验而有所界定。"他明确将"包装"纳入了创建品牌的范畴（图6-11、图6-12）。

2. 品牌创建模式

（1）一牌多品。在激烈的市场竞争和消费需求不断变化的条件下，开发新产品是生产企业生存和发展的根本出路。一牌多品策略也叫单一品牌策略或品牌延伸策略，即企业的多种产品使用同一个品牌。具体是指企业将自己原有的品牌沿用到不同类别的产品上，形成几类产品一个牌子。

实施"一牌多品"战略进行品牌延伸，不仅可以使企业以较低的费用迅速打开市场，也有利于企业树立行业综合品牌的形象。如杭州娃哈哈集团公司继娃哈哈果奶之后，陆续推出了娃哈哈纯净水、娃哈哈八

图6-11　哈根达斯冰淇淋

图6-12 各种运动品牌

宝粥、娃哈哈AD钙奶等产品，经过十多年艰苦创业，"娃哈哈"已成为中国饮食行业的名牌（图6-13）。

（2）一品多牌。指的是企业同一类产品或产品线使用两个或两个以上的品牌，而每一个品牌是相对独立的。一品多牌战略有助于最大限度地分散市场风险，又可以建立市场区隔，避免不同产品相互之间的消极影响。例如，美国P&G公司在洗衣粉、香皂、洗发水等市场上不断开发出自己的同质化系列产品，仅洗发水就拥有潘婷、飘柔、海飞丝、沙宣四个品牌（图6-14）。

（3）次品牌策略。企业拥有一个主品牌，同时在同类市场中还拥有其他若干个次品牌，他们相对核心品牌的市场份额要小。在这一战略中，品牌的主次要分明，次品牌要主动保护主品牌的领先地位，同时要担负起企业品牌整合与调整的任务，并以此来扩大市场占有率。实施这一策略的有可口可乐公司的可口可乐、健怡可口可乐、雪碧、芬达等（图6-15）。

（4）副品牌策略。企业的产品在使用同一个总品牌的同时，依据市场的不同细分，消费人群的不同定义，产品的个性特征以及产品的价值特色而使用不同的副品牌。如顶新集团的"康师傅"品牌中的妙芙、3+2、巧芙、美味酥、彩笛卷、乐芙球（图6-16）、蛋黄也酥酥等系列糕饼。系列化产品的包装设计往往将这些策略体现得淋漓尽致。

3. 零售商自有品牌

自有品牌（Private Brand）是指零售商以自己的名字命名的产品品牌。在庞大的自有品牌中，零售商已将系列化包装作为重要决策，要求有独特、唯一的包装形式，而不再满足于对专属品牌的包装设计模仿。自有品牌要让包装来体现仅属于它自己的权利、价值和个性，以此来促进产品的销售，在货架上与专属产品抗衡。

二、品牌的塑造

1. 品牌定位

品牌定位就是使所有的产品品牌在消费者心智中占领一个有利的或取得一个无法替代的位置。品牌定

图6-13 娃哈哈的一牌多品战略

图6-14 保洁公司的一品多牌战略

图6-15 芬达

图6-16 乐芙球

图6-17 星巴克

图6-18 麦当劳

位的目标是确定品牌特征，刻画品牌核心价值，树立品牌形象。使品牌具有鲜活的生命情感和形象，给消费者难以抗拒的亲和力（图6-17、图6-18）。

2. 建立品牌特征

品牌特征就是一个公司、一类产品或一种服务的基本要素组合，包括个性、品质、体验、文化特征等。其中品牌个性是关键，它可以高贵而性感，如迪奥香水系列（图6-19）等。强烈的品牌特征有利于向目标消费者传递准确信息，更有利于一个强大、和谐以及个性化的品牌建立。

3. 挖掘品牌核心价值

从消费角度来看，品牌核心价值具体可以归纳为以下五个利益部分：功能性利益、情感性利益、文化性利益、社会性利益、心理价值利益。

4. 树立品牌形象

品牌形象包括产品形象、技术形象、服务形象、环境形象、社会形象、市场形象、传播形象（广告和包装）等（图6-20）。

三、品牌标识设计

1. 品牌标识的概念

产品的品牌标识也被称为商标，它是区别商品来源和商品特定质量或服务品质的标记，代表着商品的质量和信誉，它是品牌形象的视觉中心。品牌标识作为一种特定的视觉符号，是企业形象、特征、信誉、

图6-19 迪奥产品包装

图6-20 百雀羚

文化的综合体现。它的作用是将企业的经营理念、经营内容、企业文化等要素，传递给社会大众，以达成社会对企业及产品的认知与识别（图6-21）。

2. 品牌标识的类型

包装上的品牌标识大多分两种，一种是公司名称，一种是产品品牌。有时候它们是合二为一的，如可口可乐、百事可乐（图6-22）。但大多数公司旗下因研发了许多系列化产品，其产品定位也各不相同，由此诞生了许多产品品牌。

四、品牌标识的设计原则

1. 注重设计意念

每个品牌都有其核心价值，它的承诺、它的潜力，以及它的保证都是标志设计的重要依据。品牌标志要准确地反映出品牌的特色、情调、内涵、风采，使之蕴涵浓厚的文化气息。例如QUAKER（桂格）的商标设计，极具亲和力，又具文化传承（图6-23）。

2. 把握表现技巧

充分发挥图形的视觉冲击力，把握表现技巧是商标设计中的根本点。繁简不是绝对的衡量标准，能体现时代风貌、适应消费者审美追求、个性鲜明的商标才能赢得市场（图6-24）。

3. 重视应用提升

品牌标识设计中还要考虑将来的设计应用，如包装上的版式、印刷规格、色彩组合等。品牌标识的本质是信息传播。要把握标志所要传播的信息要点，就要通过精炼、准确的视觉元素的编排，达到传播信息的目的，让受众在视觉心理上产生特定的感受与联想。

图6-21 雀巢商标

图6-22 可口可乐与百事可乐

图6-23 桂格商标

图6-24 德芙巧克力包装

Pentawards奖

Pentawards是全球首个也是唯一的专注于各种包装设计的竞赛。它面向所有国家里与包装创作和市场相联系的每一位人员。根据作品的创作质量，优胜者将分别获得Pentawards铜质、银质、金质、铂金或钻石奖。

每年的Pentawards国际包装设计奖参赛项目，分为饮料、食品、个人用品、奢侈品及其他等五大类别，其中再细分48个子项目，由评审团评议出子类别的各个奖项。包装设计作品来自世界各地，评审团由来自世界各地的评委组成，他们将根据参赛作品的创意质量评出获奖者。除了颁奖以外，Pentawards的使命是联络全世界的公司、新闻界、经济政治团体，以促进包装设计的发展。通过参加Pentawards竞赛，将有机会与来自世界各地他人的作品比较作品，并有机会赢得大奖，向人们展示创造力和专业能力，而且该奖也有助于提高职业声望。

第三节　系列化包装设计策略

系列化包装设计策略是指在进行某系列商品包装开发或再设计时，以调研为支持，消费者为导向，市场为依据，遵循一定的系列化包装设计原则，采取系列化包装设计表现形式等的决策活动。

一、明晰设计目标

所谓系列化包装设计目标，就是指在品牌发展规划和营销传播策略的指导下，根据品牌定位和品牌愿景等方面的要求，以提升品牌价值和维护品牌形象的目的为出发点，而制定的同类产品的包装设计计划及拟达到的效果。

大部分的系列化包装设计目标来自品牌核心基础、特点、信息属性。比如：充满活力的，自信的；传统而经典的；优雅而有品位的等。一个有前瞻性的设计目标，应该包括基本设计和延展设计两大模块。

基本设计目标包含以下两方面的内容。

1. 品牌注释

品牌注释包括产品定位、产品价值、产品个性等，即在包装中体现品牌的核心价值。系列化包装常常只针对一类商品和它的目标消费群，过多、过杂的设计理念会缺乏设计的重点表达，分散消费者的关注点，就无法传达商品的核心价值。

2. 设计方法

设计方法包括设计概念、设计风格、设计禁忌、设计手段、设计技巧等，在基本设计目标中除了要强调包装的品牌特征，还要有创新的理念和个性化表达。

延展性设计重在品牌扩张或产品延伸时包装设计应达到的预期效果，如产品系列化包装再设计等。包括标志、色彩和辅助图形等在内的基本设计元素必须具有可延展的设计空间，如高提耶的夏日香水伴随每一个新的夏季到来，都会推出不含酒精的经典夏日限量版（图6-25、图6-26）。

二、统一品牌视觉形象

利用企业形象视觉识别系统建立统一形象，即通

| （a） | （b） |

图6-25 女款高提耶香水

| （a） | （b） |

图6-26 男款高提耶香水

图6-27 啤酒包装

图6-28 多芬洗发液包装

过实行品牌名称和商标的标准化形象和位置、应用企业标准色、标准文字体以及其他共同特征来消除信息的互异性。以同一品牌的统一形象来区别其他不同品牌的产品包装，以利于消费者对品牌和企业形象产生记忆力，加深认知度（图6-27）。

三、形成一致性风格

根据不同的用途、品质、档次、适用对象进行细分的分支类产品，尤其是药品、化妆品、食品等，系列化和配套化的一致性包装设计原则是非常有益的方法。设计时可运用色彩的变化，还可变换产品图片或商标品名，改变编排以区分不同的产品，但在表现手段和风格上要始终坚持同一的格调来延续整体品牌的一致性（图6-28）。

对于若干个处在不同层面上的品牌组合而成的品牌，要巧妙运用一致性设计法体现出其间的关系及整体性，从而使品牌形象得到进一步深化。

四、强化品牌个性

表达产品的个性可用具体的形象把产品的主题呈现出来。如包装的图形、色彩、字体、形态、结构以及独具匠心的编排形式等，乃至包装材料给予受众的触感体验，都是强化品牌个性的有力武器。只要把握其中之一的独特性，也会使包装卓尔不群，令产品的每一个特征通过包装传达给消费者，如绝对伏特加（ABSOLUT VODKA）放弃了传统的瓶型和纸质酒标，以完全透明度使消费者感触到酒质的纯正和净爽（图6-29）。

五、整合营销传播

所谓品牌传播就是通过公关、广告、新闻以及产品包装等手段，将企业形象传递给目标消费群，来获得消费者了解和认同的过程。

美国的唐·舒尔茨提出了"整合论"的观点：品

牌成功的真正关键在于各个方面的协同合作。整合营销传播（IMC）的中心思想是在与消费者的沟通中，统一运用和协调各种不同的传播手段，使不同的传播工具在每一阶段发挥出最佳的、统一的、集中的作用，其目的是协助品牌建立起与消费者之间的长期关系。

P&G公司的整合营销传播就是把产品包装与公

共关系、广告宣传、人员推销、营业推广等促销策略集于一身，在整合营销传播中，各种宣传媒介和信息载体互相配合，相得益彰。尤其是POP广告，在售卖点即时提醒消费者的关注，并且介绍产品或提供相关信息（图6-30）。

图6-29　绝对伏特加包装

图6-30　保洁旗下碧浪POP广告

第四节　系列化包装设计要点

一、突出品牌标识

品牌标识是创造产品形象和企业形象的基础和核心，也是商品的特定标记和信誉的载体。品牌标识由商标和品牌名称组成，其形象特点简洁概括，利于识别和记忆。

在系列化包装中可以将品牌标识放在醒目的位置，并有意减弱其他视觉元素的可视性，强化品牌标识能使消费者对一个企业的系列化产品快速识别（图6-31）。

二、规范版式、字体

在几种系列化包装设计中，版面的定位是关键。版面定位就是版面在基本展示区域内的实际位置：品

牌标识、图形和文本各自相对于其他设计元素的位置。统一的板式设计意味着将版面定位应用在全套系列化包装设计之中。即强调商标位置、字体变化、文本排列、图形的同一表现形式（包括相同和不同的图形）的一致性（图6-32）。

在系列包装中，文字，尤其是品牌名称或产品名称，运用必须统一规范，无论是文字形态、比例还是色彩都应保持一致。要合理安排字体的位置和大小，使用简洁的色彩。除此之外还要限定字体的种类，通常最多采用三种左右的字体。

三、把握主要色调

设计师可根据商品的类型和特征，以某种色调或

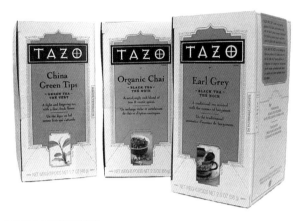

图6-31　茶叶包装

图6-32　零食包装

品牌的专用色作为一个系列范围的主调色彩，只在小面积的配色上依产品个性采取变化，使消费者从包装色彩上直接辨认出产品类型和品牌。另外，也可以直接应用不同的色彩在每件包装上进行区分，但同样需要给消费者整体的感受（图6-33）。

　　系列化包装设计追求色彩搭配的最佳效果，作为包装群中的每一件包装，在用色方面均应从系列这一整体出发，每件包装与每件包装之间的色彩要相互搭配，协调统一。

四、统一图形风格

　　在系列包装设计中，图形包括摄影图片和商业插图。无论使用哪一种，它们都须忠实于产品的信息传达。在设计应用中要把握好图形风格的一致性，表现技法的统一性。在一整套系列化包装中，我们只需选择其中一种风格进行表达（图6-34）。

　　当图形的统一形象确定，应用中还需规范图形的构图位置和比例大小，因为系列产品的规格影响着包装的体积和形状。定位图形也是减少差异，形成统一性的重要举措。

五、体现造型特征

　　外观形态是商品包装造型、结构的表象，是包装设计师展示商品、塑造产品形象的有效手段。在系列化包装中注入令人赏心悦目的外观形态是十分有益的。由于系列化产品规格的差异性，形成了包装大小或形状上的变化。设计师应对不同规格的包装造型进行统一设计，创造具有某种外形特点的包装结构，使一系列的商品互为整体（图6-35、图6-36）。

图6-33　种子包装

图6-34　不同口味饮品包装

（a）　　　　　　　　　　　　　　　（b）

图6-35　不同造型的系列包装

- 补充要点 -

箭牌股份有限公司

　　箭牌股份有限公司（Wm. Wrigley Jr. Company）是世界上主要的口香糖生产商，其产品在超过180个国家发售，并在14个国家设厂生产。箭牌于1891年在美国芝加哥成立，本来从事销售肥皂及发粉，但于翌年随产品附送口香糖促销后，发现口香糖的生意大有可为，便转型成为口香糖生产商。

　　20世纪初，伴随着超级市场的出现，系列化包装已经开始大量涌现，并迅速普及。1912年箭牌口香糖一个系列三种口味，就采用了完善的系列化包装设计方法，产品用红、蓝、绿三个颜色进行了区分，并伴有POP包装进行销售。

　　另外，箭牌公司生产的"绿箭"（Doublemint）、"黄箭"（Juicy Fruit）、"白箭"（Wrigley 's Spearmint）、"益达"（Extra）无糖口香糖和"劲浪"（Cool Air）超凉口香糖、"大大"（Ta Ta）泡泡糖、"真知棒"（Pim Pom）棒棒糖等品牌产品在中国消费者当中具有相当高的知名度和美誉度。

图6-36　1912年箭牌口香糖

第五节　系列化产品包装的分类

　　从设计的角度讲，系列化包装强调不同规格或不同产品的包装的视觉统一性，强调一种整体的视觉效果，但又不是同种商品等量、同型的简单重复组合。因此，为了实现既变化又统一的、丰富多彩的包装视觉效果，在进行包装设计时，不仅要强调企业多种商品包装中某种特定统一的视觉特点，还要体现不同商品的个性，在统一中求变化。系列化包装的表现形式多种多样，可以通过色彩、造型、构图形式等体现。

一、不同规格与内容的商品系列化包装

对于不同规格和不同内容的多种商品系列化包装，可以采用统一的牌名、商标和主题文字字体，形成系列包装。这种方法是产品包装系列化最基本的惯用方法，根据包装设计的需要，在装潢构图、包装造型、色彩等方面追求自由变化，主要将牌名和商标醒目突出并运用鲜明统一的字体，给消费者以强烈的视觉感，加深消费者对产品的系列印象，以争取市场和扩大销路（图6-37）。

二、同类商品不同容量规格的系列化包装

对于不同容量规格的同类商品，可采用相同的造型、图案、色彩、文字来形成包装的系列感。这种形式完全靠不同的容量规格来实现统一中的变化，有利于突出商品的独特形象，满足消费者对不同量的购买需求（图6-38、图6-39）。

三、不同品种的同类商品系列化包装

在包装产业领域，随着技术水平的提高，逐渐凸显出个性化与创新，促成了包装的现代化设计，新技术、新机械以及包装款式的多样化为包装设计的系列化、全球化提供了有利条件。包装设计人员需要掌握市场营销过程中企业的文化内涵，体现企业特色，才能对市场营销环境、消费心理作出科学而全面的分析，才能在准确的市场细分的基础上确定适合企业自身的市场营销策略，才会适应国际市场日益加强的经济全球化趋势，使包装设计有序化，更利于开拓国际市场的竞争力。

产品的多样化促使了产品包装多样化、系列化。在现代生产领域，企业致力于开发新产品，新产品生产速度快、收效高、时间短。与之相适应的包装产业也致力于向消费者提供识读性更强、更方便的多样化、系列化的包装设计。以食品工业为例，人们对食品消费的需求向多规格、多样化、特色化的方向发展，因此食品加工业也将费用投向开发具有更灵活机动的包装线上。这充分说明产品的系列化生产与包装的系列化实施给企业的有效快速发展起到了有力的助动作用。比如，美国制药业最先采用了防盗开封口包装，这种确保产品品质的安全包装已广泛应用于乳品、食品加工业、饮料等包装，并推广到了世界各地。

对于具有不同品种的同类产品，可以通过相同的

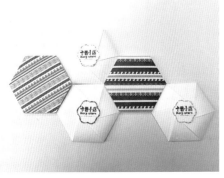

图6-37 不同规格与内容的
系列化包装

（a）　　　　　　　　　　　　　　　　（b）

图6-38　同类商品不同容量规格的系列
化包装

（a）　　　　　　　　　　　　　　　　（b）

图6-39　不同品种的同类商品系列化包装

品牌名、造型、构图形式、表现手法来形成系列化的感觉，以不同产品内容的图形、色彩、商品名称等实现统一多样的系列化效果（图6-39）。

四、造型与规格相同的商品系列化包装

采用统一的包装容器与同样的视觉设计方案，在包装装潢的色彩、图案运用上作改变，如果集中陈列展示，会形成丰富多彩的系列化效果，提高视觉冲击力，又增强消费者对产品的购买欲。

系列化包装强调的是在同类商品中进行变化组合，而不是非同类商品组合。比如系列化饮料包装，有山楂汁的、橘汁的、葡萄汁的、桃子汁的等，在设计时需构想一个统一的形式，在一个较明确的位置上突出各自的果品形象，使人一目了然，从而实现系列化的目的，达到较理想的效果，但是不能将"葡萄酒"组合到里面，因为一个是饮料类，一个是酒类，成分不同，不能混淆。

同种商品系列化应在共性中强调个性。以上面所

举饮料为例，如将葡萄、橘子等果品形象表现得模糊不清，或因位置、大小处理不当，就不能明确清晰地展示商品内容，容易引起消费者的误解，失去其包装价值。另外，同类商品亦有贵贱、优劣之分。通常高档商品不能同低档商品构成系列，如高档手表与低档手表组成系列包装，人们就会怀疑高档手表的质量，使企业失去信誉。

对于容器造型与规格相同的同种商品，可采用相同的构图形式、表现手法、图形，文字等来体现系列化的感觉，只通过改变包装的色调来进行变化，如集中陈列展示可形成丰富多彩的系列化效果（图6-40）。

五、多品种不同造型的系列化包装

对于同一企业不同形态、不同规格的产品，除采用统一的商标、字体之外，还要采用同类型的构图形式和表现手法，使其在形成统一的系列化特色的同时，在造型、规格和色彩上，赋予商品灵活多变的特点，给消费者以深刻印象。

六、同类产品组合性系列化包装

这种类型是将几种不同的产品分别包装，再组合配套装在一个包装容器中，从而达到多样统一的系列化效果（图6-41）。总之，从包装的功能和艺术表现的角度讲，系列化包装和其他商品包装的基本原则没什么区别，其不同之处在于突出强调包装视觉上的系列优点，及其变化的丰富性。从突出整体感和表现多样化上看，可见其在市场竞争中的重要地位。在进行设计时，设计师需要思索和研究系列化包装的系列化特点与表现商品特性之间的形式关系和手法，以适应现代商品经济发展竞争和消费者审美趋向的需要。

（a）

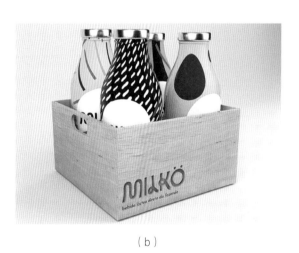

（b）

图6-40　造型与规格相同的商品系列化包装

（a）

（b）

图6-41　同类产品组合性系列化包装

课后练习

1. 系列包装的成因是什么？

2. 系列化包装与品牌之间是什么关系？

3. 思考哪些情况下选用系列包装并不合适。

4. 选择1个品牌，对其品牌形象进行分析。

5. 选择市场上的一套产品系列包装，运用所学知识对其进行分析和评价。

6. 以3人为1个小组，选择1个品牌，为其制作1套系列包装草案。

第七章
学生优秀包装
设计案例欣赏

学习难度：★ ☆ ☆ ☆ ☆
重点概念：品牌形象、包装设计、
案例欣赏、产品理念

◟ 章节导读

　　作为一个设计师，学习是一件很重要的事，欣赏别人的优秀作品就是其中很重要的一部分。在包装设计行业，产品日益丰富，同类产品的竞争也不断加剧，其中企业为了取得市场优势，一个好的包装设计显得尤为重要。一个好的包装设计不仅要体现产品的基本信息，更要在产品日益同质化的今天，表现其独特的产品理念，做到人无我有，人有我优。通过本章的学习，我们将看到如何用优秀包装来传达产品理念，吸引消费者（图7-1）。

图7-1　案例欣赏

第一节　嗜家品牌包装设计

　　嗜家，为孤身在异乡漂泊的人们提供随身携带的家乡味道。这种味道离不开本地域的各种食材和佐料。解决人们因地理空间反差营造出的味觉情绪反差，让你"吃一口糖醋排骨，就像回到了九岁""叫一份小白菜煎豆腐，整个人都重新开机了"。

　　通过定制家常菜系佐料，唤醒家乡味道来牵引身体反应的情绪表达。无论你走到哪里，无论你身在何处，都能凭借一抹温馨的气息，让一颗疲惫的心得到

慰藉（图7-2）。

　　品牌标志以字体为主，包装设计分为家常菜系佐料和手工秘制酱两个系列（图7-3）。

　　家常菜系的包装设计将不同菜品的佐料按照做菜步骤和做法依次分量搭配，使人们在做饭时能够节约时间（图7-4）。

　　手工秘制酱的包装采用天地盖式结构及玻璃瓶包装，便于陈列及食品保存（图7-5）。

图7-2 嗜家（张玉雪、倪毕升）

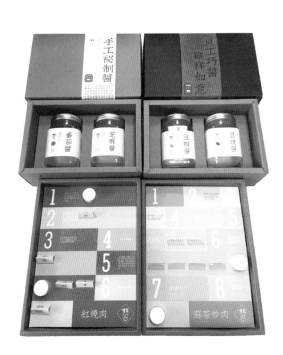

图7-3 家常菜系佐料与手工秘制酱（张玉雪、倪毕升）

图7-4 家常菜佐料的包装（张玉雪、倪毕升）

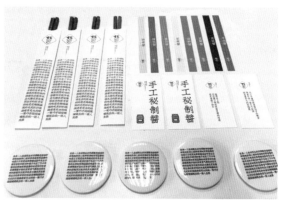

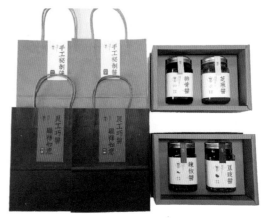

图7-5 手工秘制酱包装（张玉雪、倪毕升）

第二节　Terra品牌包装设计

有人说，人生很多事都急不得。其实耕种也是一样的道理。春耕、夏耘、秋收、冬藏，这是自然的规律也是万物的法则。在过去，蔬菜只有三个供应商：水、土壤、空气。如今，我们已无法述说，多少食品安全摆在我们面前，多少意味不明的不安在蠢蠢欲动。在忙碌的日常生活中，一日三餐和步履不停，疲惫于生活与梦想，担忧于饭碗和房租，哪怕是一碗简单的餐食都还要去担心干净与健康（图7-6）。

因此，我们想做一个有机品牌，让更多人吃上健康安全的食品，让生活变得有机。食品都不是凭空而来，而是大地对人们的馈赠。因此命名为"Terra"即大地，罗马神话中的大地女神印度梵语隐喻：生命力量（图7-7、图7-8）。

我们愿意做大自然的搬运工，当最质朴的劳作农民，输送安心和卫生，你曾担心的、彷徨的、犹豫的都能在这里放下心来。也只有这样维护人与自然的关系，我们才能长久得到自然的馈赠（图7-9、图7-10）。

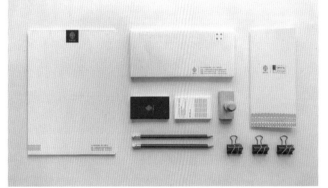

图7-6　Terra品牌（李梦婷）

图7-7 Terra品牌视觉形象（李梦婷）

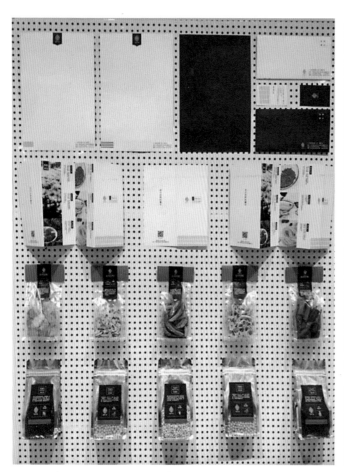

图7-8 Terra产品包装（李梦婷）

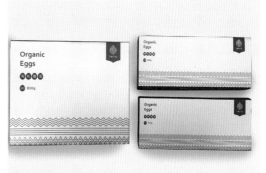

图7-9 Terra绿色食品（李梦婷）

图7-10 Terra质感包装（李梦婷）

第三节 酱心品牌包装设计

小时候外婆亲手为你熬制的果酱味道，一定让你久久不能忘怀。精选四季的时令水果、纯手工无添加、保留果子独特的成分是我们要做的。酱心果酱优选各种甜美、饱满、香气四溢的水果，搭配茶叶、花朵、香料、酒，甚至是巧克力、树蜜、坚果等这些超乎想象的天然材料，让水果自身的天然果胶和糖分同温度发酵出晶莹浓稠、口感独特的美味果酱。让开启每罐果酱的你们都感受手工酿制的惊喜（图7-11、图7-12）。

图7-11 酱心（段炼雯）

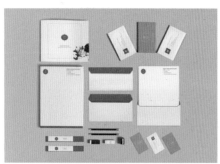

图7-12 酱心VI形象（段炼雯）

　　"酱心"品牌标志以字体为主，品牌的包装设计以四季时令八种不同水果，延伸出缤纷的色彩图形，按季节吃果酱（图7-13）。

图7-13　酱心产品（段炼雯）

　　每系列果酱的包装采用果子的元素及颜色进行设计，玻璃瓶包装更利于食品的保存（图7-14）。

图7-14　酱心产品包装（段炼雯）

第四节　素谷品牌形象包装设计

　　"素谷"视觉形象设计，灵感来源于越来越多的人通过夜跑、骑行、徒步，崇尚素食、轻食等，追求健康环保的生活方式，而这些也已成为时尚的标签。品牌名"素谷"有回归自然、素食简衣，食之以素，善之于心，受天地滋养而生食材，以其精华养育世间芸芸众生之意。品牌标志提取了山谷、飞鸟、谷粒的形态作为设计元素，线条勾画的山脉、"素谷"两字的笔画共用穿插于山脉之间，点点飞鸟点缀，如一幅干净的画卷，标志充满了灵动与空灵（图7-15~图7-17）。

图7-15　素谷（洪晶玲、赵彤）

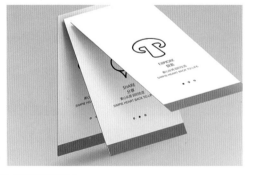

图7-16　素谷VI形象（洪晶玲、赵彤）

"素谷"品牌的包装设计分为养生粥和蔬菜干两个系列，以纯净的白色为主，养生粥的包装设计按照四个季节变化将各种谷类进行搭配，并根据一二人、二三人、三四人等不同需求的用量进行分包，这样在购买及食用制作时更加方便、快捷。蔬菜干的包装采用了开窗、环保纸浆天地盒等结构，便于展示和保护产品。

（a）

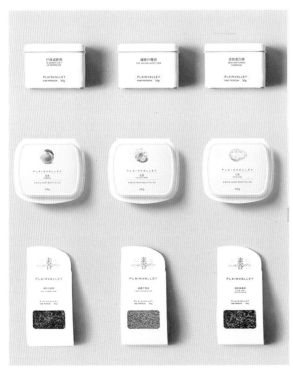

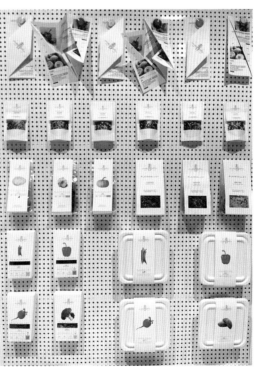

（b）　　　　　　　　　　　　（c）

图7-17　素谷产品包装（洪晶玲、赵彤）

参考文献
REFERENCES

［1］加文·安布罗斯. 创造品牌的包装设计［M］. 张馥玫，译. 北京：中国青年出版社，2012.

［2］孙芳. 商品包装设计手册［M］. 北京：清华大学出版社，2016.

［3］庞博. 包装设计［M］. 北京：化学工业出版社，2016.

［4］威尔斯. 包装设计［M］. 王姝，译. 北京：中国纺织出版社，2014.

［5］张鹏. 包装设计［M］. 北京：文化发展出版社，2011.

［6］郁新颜. 包装设计［M］. 北京：北京大学出版社，2012.

［7］陈青. 包装设计教程（升级版）［M］. 上海：上海人民艺术出版社，2017.

［8］席跃良. 包装设计［M］. 北京：中国电力出版社，2010.

［9］唐芸莉. 包装设计与制作［M］. 北京：化学工业出版社，2010.

［10］徐丽. 现代包装设计视觉艺术［M］. 北京：化学工业出版社，2012.

［11］彭利荣. 包装设计［M］. 北京：科学出版社，2016.